Tina Stümpfig-Rüdisser

Jin Shin Jyutsu

Heilströmen für Hunde

Schirner Verlag

Die Ratschläge in diesem Buch sind sorgfältig erwogen und geprüft. Sie bieten jedoch keinen Ersatz für kompetenten medizinischen Rat. Alle Angaben in diesem Buch erfolgen daher ohne Gewährleistung oder Garantie seitens der Autorin oder des Verlages. Eine Haftung der Autorin bzw. des Verlages und seiner Beauftragten für Personen-, Sach- und Vermögensschäden ist ausgeschlossen.

Wir verzichten auf das Einschweißen unserer Bücher – **UNSERER UMWELT ZULIEBE!**

ISBN Printausgabe 978-3-8434-1256-8
ISBN E-Book 978-3-8434-6327-0

Tina Stümpfig-Rüdisser:
Jin Shin Jyutsu
Heilströmen für Hunde
© 2016
Schirner Verlag GmbH & Co. KG,
Birkenweg 14a, 64295 Darmstadt
E-Mail: gpsr@schirner.com

Umschlag: Murat Karaçay, Schirner, unter Verwendung von #388713619 (adtapon duangnim), #101421184 (spirins), www.shutterstock.com, einem Foto der Autorin und einer Abbildung von Erwin Weber
Layout: Silja Bernspitz, Schirner
Lektorat: Claudia Simon, Schirner
Druckproduktion: Ren Medien GmbH, Filderstadt
Printed in Czech Republic

www.schirner.com

8. Auflage Juli 2025

Inhalt

Vorwort

Im Grunde kennt jeder Jin Shin Jyutsu – selbst wenn man den Begriff noch nie zuvor gehört hat und ihn nicht einmal aussprechen kann. Es ist ein intuitives Wissen, von dem man sagt, dass es die Menschen von Geburt an in sich tragen und es ganz automatisch und unbewusst immer wieder anwenden.

Wenn wir beim Nachdenken den Kopf in die Hände stützen, aktivieren wir damit bestimmte Gehirnregionen und bewirken so, dass wir uns an Dinge erinnern. Kinder in der Schule setzen sich oft auf ihre Hände, wodurch sie sich besser konzentrieren, aufmerksamer zuhören und sich das Gelernte besser merken können. Babys, die am Daumen lutschen, harmonisieren damit ihre Verdauung, da der Daumen mit der Magenenergie verbunden ist. Wenn wir die Arme überkreuzen, berühren wir einen Punkt in unserer Ellenbeuge, der uns hilft, in unserer eigenen Autorität und Kraft zu sein. Und dazu könnte ich noch viele weitere Beispiele aufführen. So legen wir intuitiv die Hände auf schmerzende Stellen, bei uns selbst oder beim Tier, auch zur Beruhigung. Jeder kennt Jin Shin Jyutsu – wir müssen uns nur wieder daran erinnern.

Jin Shin Jyutsu ist eine sanfte Heilkunst, die sowohl beim Menschen als auch bei Hunden angewendet werden kann.

Indem Sie die Hände auf bestimmte Punkte am Körper legen, bringen Sie die Lebensenergie wieder ins Gleichgewicht, die Selbstheilungskräfte werden mobilisiert, Beschwerden und

Symptome werden gelindert oder verschwinden ganz. Strömen ist eine wunderbare, einfache Möglichkeit, seelisch und körperlich wieder in Balance zu kommen.
Wenn Ihr Hund in tierärztlicher Behandlung ist oder eine Operation ansteht, können Sie Ihren Liebling mit Jin Shin Jyutsu unterstützen. Es wirkt stärkend nach operativen Eingriffen, der Heilungsprozess wird unterstützt, und Narkosen werden besser vertragen.

Jin Shin Jyutsu ist keine Wunderheilmethode – auch wenn tatsächlich Wunder geschehen können. Es geht immer wieder um das Hinspüren, Wahrnehmen, Geschehenlassen und um eine liebevolle Hinwendung zu Ihnen selbst und zu Ihrem Hund.
Sie können Ihren Hund mit ganz einfachen Griffen gezielt unterstützen, sozusagen seiner Lebensenergie Starthilfe geben, damit sie wieder harmonisch, gleichmäßig und kraftvoll fließt. Ein harmonischer Fluss der Lebensenergie ist Voraussetzung für Gesundheit und Wohlbefinden.

Sie müssen nicht warten, bis Ihr Hund Symptome aufweist oder es Probleme gibt. Wenn Sie sich regelmäßig ein paar Minuten Zeit nehmen, ihn zu strömen, werden Sie sehen, dass er immer widerstandsfähiger und ausgeglichener wird. Es ist die beste Prophylaxe, kostenlos (wenn man es selbst anwendet) und mit wenig Aufwand verbunden. Das Strömen stärkt ganz automatisch Ihre Beziehung zu Ihrem Hund, und Sie lernen ihn immer besser kennen. Und Ihrem Hund hilft es auch, seine

Aufmerksamkeit mehr auf Sie als Rudelführer zu richten und Ihnen dadurch besser zu gehorchen.

Mit diesem Buch erhalten Sie die Möglichkeit, die wunderbare Methode des Jin Shin Jyutsu – das im Grunde viel mehr als nur eine Methode ist – mühelos und ohne Vorwissen anzuwenden. Genießen Sie die Kunst des Jin Shin Jyutsu gemeinsam mit Ihrem Hund!

Was ist Jin Shin Jyutsu?

Jin Shin Jyutsu ist eine uralte Kunst zur Harmonisierung der Lebensenergie im Körper. Fließt die Lebensenergie harmonisch, ist der Mensch oder das Tier gesund. Entstehen Blockaden in den Energiebahnen, äußert sich das ziemlich schnell durch Unwohlsein und erste Symptome. Bleibt die Energie im Ungleichgewicht, verfestigen sich diese Symptome, können chronisch werden, und es kommen möglicherweise neue hinzu.
Die sanfte Kunst des Heilströmens wurde in früheren Zeiten in den verschiedensten Kulturen gelebt, angewendet und mündlich überliefert, bis sie schließlich irgendwann in Vergessenheit geriet. Im Osten wurde dieses wertvolle Wissen jedoch nicht gänzlich vergessen, und so war es ein Japaner, Jiro Murai, der Anfang des 20. Jahrhunderts diese wertvolle Kunst wieder zum Leben erweckte und sie an seine Schüler weitergab.

Der Begriff »Jin Shin Jyutsu« besteht aus drei japanischen Wörtern:
Jin: wissender, mitfühlender Mensch
Shin: Schöpfer
Jyutsu: Kunst

und bedeutet ***»Die Kunst des Schöpfers durch den wissenden, mitfühlenden Menschen«***.

Umgangssprachlich wird Jin Shin Jyutsu »Heilströmen« oder einfach »Strömen« genannt, da durch das Halten von be-

stimmten Energiepunkten am Körper die Lebensenergie wieder ungehindert zu »strömen« beginnt, was man auch mit ein wenig Übung spüren kann.
Gesundheit, Vitalität und Wohlbefinden hängen von der freien und gleichmäßigen Verteilung der Lebensenergie überall im Körper ab. Wenn die Lebensenergie harmonisch, ohne Blockaden, durch den Körper fließt, sind die Selbstheilungskräfte voll aktiv, Mensch und Tier sind gesund.
Im Jin Shin Jyutsu arbeitet man mit 26 sogenannten Sicherheitsenergieschlössern. Das sind Punkte am Körper, an denen die Energie in sehr konzentrierter Form vorliegt und über die, wenn man sie einfach nur hält, sich Blockaden leicht lösen lassen. Die Energieschlösser befinden sich innerhalb der Energiebahnen, die Leben in den Körper bringen. Entstehen in diesen Bahnen Blockaden, wird der Energiefluss in der betreffenden Zone unterbrochen und letztlich das gesamte Energieströmungsmuster durcheinandergebracht. Dann entstehen Disharmonie und Krankheit.

Indem wir die Hände auf bestimmte Sicherheitsenergieschlösser legen, können wir unsere Tiere unterstützen, seelisch, körperlich und geistig wieder in Harmonie zu kommen, Blockaden lösen sich auf, Symptome verschwinden.

Die Anwendung des Jin Shin Jyutsu

Ursprünglich wurde Jin Shin Jyutsu für den Menschen wiederentdeckt, doch die energetischen Gesetze gelten auch für Tiere, und so können wir es genauso für Hunde anwenden. Hunde reagieren sogar meist schneller auf das Geströmtwerden als wir Menschen, weil sie eine andere Energieschwingung haben und vielleicht auch deshalb, weil sie sich selbst keine Denkblockaden erschaffen.
Wenn beim Menschen die Regel gilt: Strömen eines Erwachsenen – ca. eine Stunde, Strömen eines Kindes – ca. 20–30 Minuten, sind wir beim Hund bei ungefähr 10–15 Minuten – oft auch kürzer. Hunde zeigen Ihnen meist ganz deutlich, dass es genug ist, indem sie sich dann einfach von Ihnen wegbewegen. Manchmal braucht es dafür nur ein paar Minuten Strömen.

Beim Jin Shin Jyutsu halten Sie meistens zwei Punkte am Körper gleichzeitig, in der Regel sind das zwei Sicherheitsenergieschlösser.
Legen Sie die Finger oder die Handfläche so lange auf die angegebenen Punkte, bis die Lebensenergie wieder ungehindert zu fließen beginnt. Das können Sie spüren, es fühlt sich an wie eine Art Kribbeln, ein inneres Strömen oder ein gleichmäßiges Pulsieren. Jeder kann das etwas unterschiedlich wahrnehmen. Sie tun nichts weiter, als diese Punkte zu halten. Sie geben nicht Ihre eigene Energie, sondern Ihre Hände dienen sozusagen als

Starthilfekabel, sodass sich die »Energiebatterien« wieder aufladen können und die Lebensenergie wieder kraftvoll und ungehindert fließen kann.

Halten Sie also die jeweils angegebenen Punkte mit den Fingern, den Fingerspitzen oder den Handflächen, und zwar so lange, bis Sie ein gleichmäßiges, ausgeglichenes Strömen oder Pulsieren spüren. Anfangs, wenn man noch keine Erfahrung hat, ist dieses Pulsieren oder Strömen oft nicht deutlich wahrnehmbar. Es kann eine Zeit lang dauern, bis Sie sich auf die feine Energie eingestimmt haben und sie deutlicher wahrnehmen. Solange richten Sie sich einfach nach der Grundregel: Halten Sie jeden Punkt bzw. Griff ca. 3 Minuten, und gehen Sie dann zum nächsten über. Wenn Sie nur einen Griff strömen, können Sie ihn 10–15 Minuten lang halten.

Bei einem längeren Strom, wie z. B. dem Zentralstrom, der aus sieben Schritten besteht, genügt es, wenn Sie jeden Griff ca. 2 Minuten halten, sodass der Hund jeweils ca. 15 Minuten am Stück geströmt wird. Sie können aber auch kürzere Sequenzen machen und dafür öfter am Tag strömen.

Hilfreiche Hinweise

Kurzanleitung für das Strömen

- Sorgen Sie für eine möglichst ruhige und ungestörte Atmosphäre.
- Füttern Sie Ihren Hund vorher, damit er nicht hungrig ist und seine körperlichen Bedürfnisse die Ruhe nicht stören.
- Entscheiden Sie, welche Punkte oder Ströme Sie anwenden. Sie können die Punkte auf der betroffenen Körperseite oder auch abwechselnd auf beiden Körperseiten halten.
- Halten Sie zu Beginn die Punkte für die Erste Zentrierung (S. 19).
- Legen Sie dann Ihre Hände oder Finger auf die gewählten Energiepunkte.
- Halten Sie die Punkte so lange, bis Sie ein ruhiges, gleichmäßiges Strömen oder Pulsieren spüren (ca. 2–3 Minuten pro Griff).
- Je nach Thema können Sie 2–3 Anwendungen – oder auch mehr – pro Tag machen. Ihr Hund wird Ihnen zeigen, was ihm guttut.
- Zu den meisten Themen gibt es verschiedene Möglichkeiten des Strömens. Probieren Sie es aus, schauen Sie, was sich gut anfühlt. Wenn Ihr Hund einen bestimmten Griff nicht mag, versuchen Sie es mit einem anderen.

Entspannen Sie sich

Jin Shin Jyutsu ist mühelos. Lassen Sie alle Anstrengung und Bemühung los. Es darf einfach sein! Achten Sie nur darauf, was Ihnen und Ihrem Hund guttut. Richten Sie Ihre Aufmerksamkeit nicht auf die Symptome und darauf, diese zu beseitigen, sondern schauen Sie auf die Harmonie, die Lebensenergie, die immer da ist. Nehmen Sie diesen Puls wahr, der Leben IST. Durch das Strömen stärken Sie diesen Puls. Und Sie harmonisieren die Energieströme, die den Körper erschaffen, nähren und erneuern.

Lassen Sie sich von Ihrer Intuition leiten, und finden Sie Ihren persönlichen Weg. Legen Sie Ihre Hände auf die verschiedenen Energieschlösser, und lassen Sie einfach geschehen. Wichtig ist: Sie können nichts falsch machen! Wenn es dem Hund reicht, wird er sich bemerkbar machen. Wenn Sie aus Versehen einmal einen »falschen« Punkt halten sollten, hat das keine negativen Folgen. Dann dauert es vielleicht einfach nur ein bisschen länger, bis die Wirkung eintritt.

Bleiben Sie dran

Bei großen Ungleichgewichten, bei schweren oder chronischen Erkrankungen, ist es besonders wichtig, regelmäßig zu strömen. Sie können mehrmals täglich einfach nur für ein paar Minuten strömen und so einen regelmäßigen Impuls geben. Oder Sie strömen einmal am Tag etwas länger. Richten Sie sich auch da nach Ihrem Hund, danach, womit er sich wohlfühlt. Denken Sie daran: Auch gesunde Hunde werden gern geströmt. Durch regelmäßiges Strömen kommt Ihr Hund in einen tiefen Entspannungszustand, in dem umfassende Regeneration und Heilung geschehen können.

Haben Sie Geduld

Lassen Sie sich nicht verunsichern, wenn Sie bei einem bestimmten Thema, weswegen Sie strömen, zuerst einmal keine Veränderung bemerken. Das Körpersystem reguliert meist zuerst das, was das Lebewesen gerade am dringendsten braucht. Vielleicht wird Ihr Hund insgesamt ruhiger und entspannter, oder vielleicht ist ein anderes Symptom plötzlich verschwunden – Jin Shin Jyutsu wirkt immer, auch wenn wir es manchmal nicht wahrnehmen.
Das heißt aber nicht, dass dies einen Arzt ersetzen soll. Lassen Sie es immer ärztlich abklären, wenn Ihr Hund krank, geschwächt oder verletzt ist. Strömen können Sie dann zusätzlich. Setzen Sie sich nicht unter Druck, sondern haben Sie Vertrauen, entspannen Sie sich, und genießen Sie die Zeit mit Ihrem Hund. Seien Sie gespannt auf die Wirkung, die manchmal sehr schnell eintreten kann – und ein andermal da eintritt, wo man sie nicht erwartet. Jedes Strömen bringt mehr Harmonie, stärkt das Immunsystem und regt die Selbstheilungskräfte an.

Die 26 Energieschlösser

Die Energieschlösser, auch Sicherheitsenergieschlösser (Abkürzung: SES) genannt, sind, wie schon erwähnt, bestimmte Punkte am Körper, an denen Energie in hochkonzentrierter

Form vorliegt. Es sind Orte von hoher Leitfähigkeit, die bei einer Berührung den Reiz gleich in das ganze Energieströmungsmuster, in die Energiebahnen, weiterleiten.

Die 26 Energieschlösser befinden sich symmetrisch angeordnet auf jeder Körperseite.

Im Folgenden finden Sie die Abbildungen der SES beim Hund.

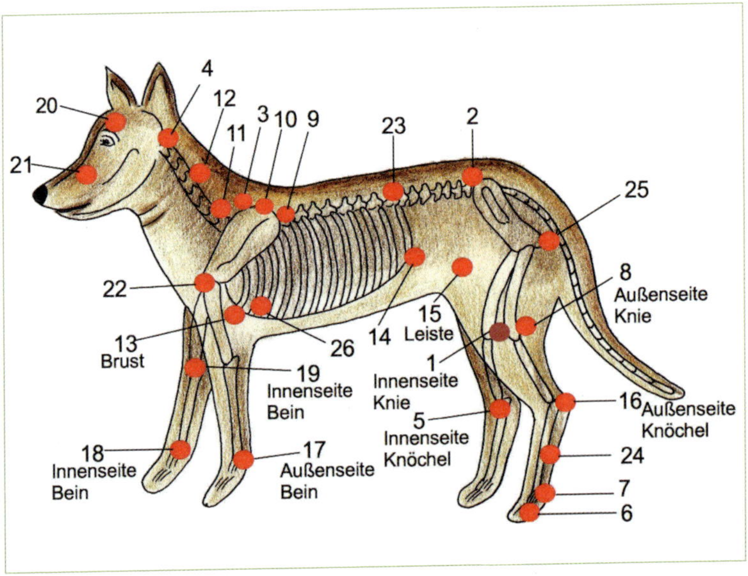

Jedes Energieschloss hat ungefähr den Durchmesser einer Pfote – beim Menschen den einer Hand. Das heißt, Sie brauchen sich keine Sorgen zu machen, ob Sie den Punkt treffen, da er groß genug ist. Sollten Sie ihn anfangs dennoch nicht genau treffen, ist es auch nicht schlimm. Sie werden feststellen, dass Sie die Lage der jeweiligen Energieschlösser nach und nach immer mehr verinnerlichen und diese mit der Zeit sehr treffsicher wie von selbst finden.

Da Sie beim Strömen nichts falsch machen können und es mehr eine Kunst als eine Technik ist (Sie sind der Künstler!), experimentieren Sie einfach, probieren Sie aus, schauen Sie, was sich gut anfühlt und wobei sich Ihr Hund entspannt. Lassen Sie sich nicht entmutigen, starten Sie immer wieder neu. Es gibt zu allen Themen und Symptomen mehrere Strömmöglichkeiten. Seien Sie kreativ, lassen Sie sich ruhig auch von Ihrem Bauchgefühl leiten. Vertrauen Sie sich und Ihrem Hund – Hunde wissen oft sehr gut, was sie gerade brauchen.

Allgemeine Harmonisierer

Erste Zentrierung

Folgender Griff eignet sich sehr gut für den Beginn einer Behandlung: Legen Sie eine Hand auf **SES 13**, die andere Hand auf **SES 10** auf derselben Körperseite.

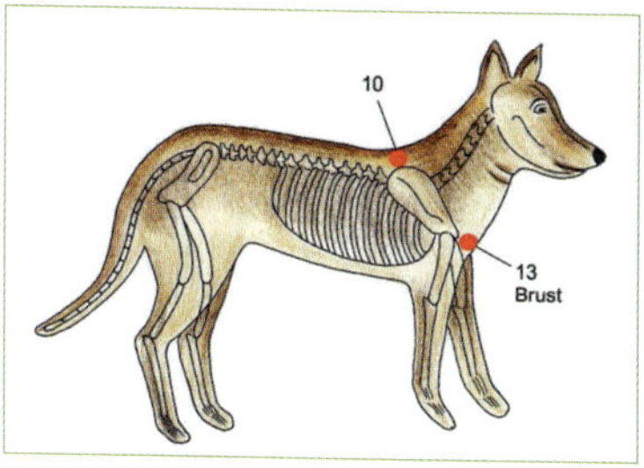

Dies ist ein guter Griff zur Begrüßung und Einstimmung und zur ersten Entspannung. Er bringt Aus- und Einatmung ins Gleichgewicht und hilft, zur Ruhe zu kommen und sich auf das Geströmtwerden einzulassen.

Es ist auch ein wichtiger Griff bei

- allen Atemproblemen,
- Allergien,
- Husten,
- Bronchitis,
- Trächtigkeit,
- vernachlässigten und misshandelten Hunden
- und hilft auch, wenn Welpen alles ankauen.

Zum Beleben der Energie

Diesen einfachen Griff kann man sowohl zu Beginn einer Behandlung als auch im Laufe des Tages zwischendurch durchführen. Er belebt die Energie und führt zugleich zu einer tiefen Beruhigung. Er eignet sich auch für sehr unruhige Hunde, die sich sonst nicht so gern berühren lassen. ***Ebenso handelt es sich um einen guten Erste-Hilfe-Griff bei allen Verletzungen, bei Schocks und Überhitzung.***

Für die linke Körperseite:

Legen Sie die linke Hand auf das **linke SES 4** (direkt unter der Schädelbasis) und die rechte Hand auf das **linke SES 13** (am linken Brustkorb ungefähr auf Höhe der dritten Rippe).

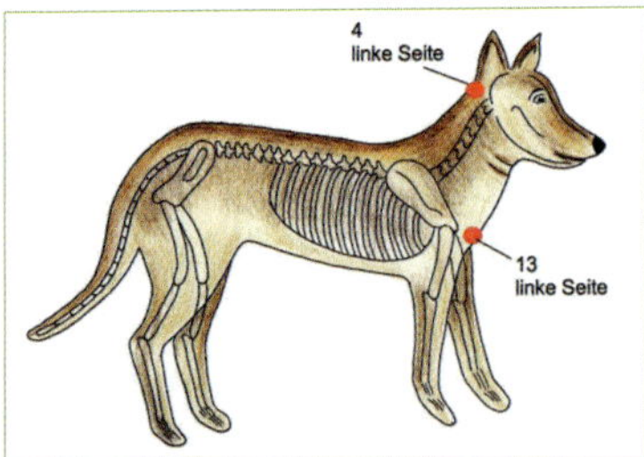

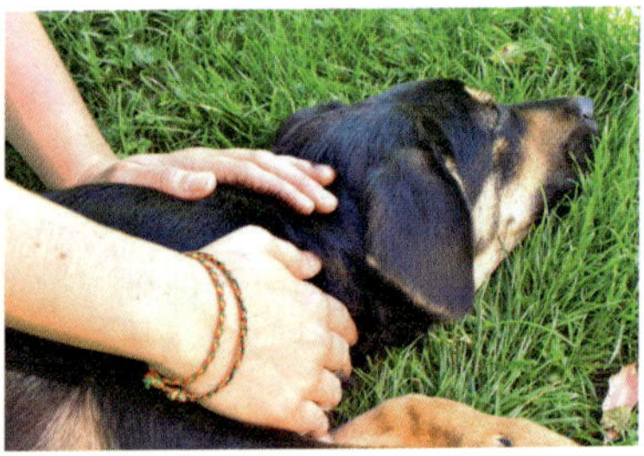

Und umgekehrt für die rechte Körperseite:

Rechte Hand auf **rechtes SES 4** und linke Hand auf **rechtes SES 13**. Sie können auch mit einer Hand **beide SES 4** halten und mit der anderen Hand **beide SES 13**.

Dieser Griff

- harmonisiert die Emotionen,
- löst allgemeine Müdigkeit,
- hilft bei allem, was mit dem Kopf zu tun hat,
- stärkt die Augen,
- unterstützt die Beine auf der jeweiligen Körperseite,
- hilft der Hüfte
- und ist ein sehr hilfreicher Griff in der Sterbehilfe (S. 128).

Der Pfotenstrom

Der Pfotenstrom entspricht dem Finger-Zehen-Strom beim Menschen. Dabei hält man immer einen Finger und den entgegengesetzten Zeh auf der anderen Körperseite, also den Daumen der rechten Hand und den linken kleinen Zeh, den rechten Zeigefinger und den linken zweitkleinsten Zeh usw. Bei Hunden halten wir einfach die ganzen Pfoten, und zwar jeweils eine **Vorderpfote** mit der **Hinterpfote** auf der andere Körperseite, also rechte Vorderpfote mit linker Hinterpfote, linke Vorderpfote mit rechter Hinterpfote.

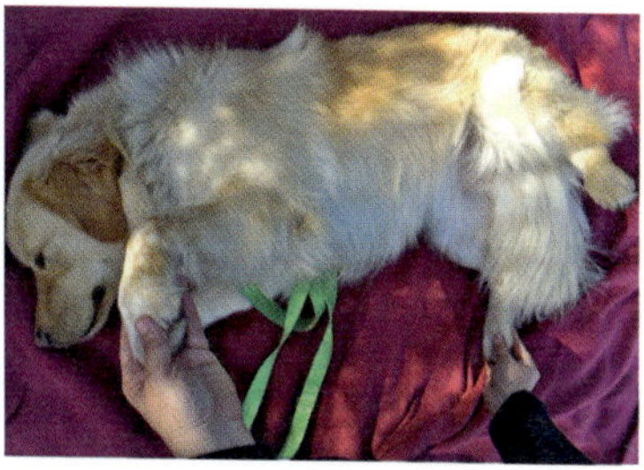

Es handelt sich um einen sehr einfachen und doch extrem wirkungsvollen Griff, den man immer und überall anwenden kann.
Der Pfotenstrom regeneriert und erneuert den ganzen Körper, hilft bei Knochenbrüchen, stärkt die Wirbelsäule und hilft bei allen Rückenproblemen. ***Es ist ein wichtiger Strom bei einem Schlaganfall und dient als Erste-Hilfe-Griff bei Verletzungen.***

Der Zentralstrom

Der Zentralstrom ist, wie der Name schon sagt, der zentrale Strom beim Jin Shin Jyutsu. Man nennt ihn auch den »Wunderheiler«. Es ist der Strom, der Mensch und Tier direkt mit der universellen Lebensquelle, der göttlichen Energie, der Quelle, die erst das Leben in den Körper bringt, verbindet. Der Zentralstrom, der auch »Hauptzentralstrom« oder »Mittelstrom« genannt wird, versorgt also uns Menschen und die Tiere mit der universellen Lebensenergie. Er fließt ununterbrochen an unserer Körpervorderseite, beim Tier an der Körperunterseite, hinunter und an der Körperrückseite bzw. -oberseite wieder hinauf. Also genau auf der Mittellinie des Körpers, daher kommt auch die Bezeichnung »Mittelstrom«.
Jiro Murai nennt diesen Strom auch den »großen Lebensatem«. Da er die direkte Verbindung zur universellen Energie ist, ist er sozusagen unsere Hauptversorgungsquelle, die Verbindung zwischen Geist und Materie. Er macht Leben überhaupt erst möglich. Man nennt ihn auch Hauptzentralstrom, weil er für alle Vorgänge im Körper die Energie liefert.

Indem wir bestimmte Energiepunkte halten, können wir diesem Strom helfen, kraftvoll und ungehindert zu fließen. Lassen Sie sich nicht von der Länge des Stromes abschrecken. Sie werden schon gleich beim ersten Strömen merken, wie logisch und einfach die Griffe des Stroms sind. Da er der kraftvollste Strom überhaupt ist, lohnt es sich auf jeden Fall, sich mit ihm zu befassen und ihn immer einmal wieder anzuwenden. Strömen Sie von der linken Seite aus. Es ist nicht so kompliziert, wie es aussieht.

1. Schritt: Legen Sie die linke Hand zwischen die **beiden SES 13**, in die Mitte der Brust. Sie bleibt bis zum Ende des Stromes da liegen.
Legen Sie die rechte Hand in die Mitte der **beiden SES 25**, also an das untere Ende der Wirbelsäule.

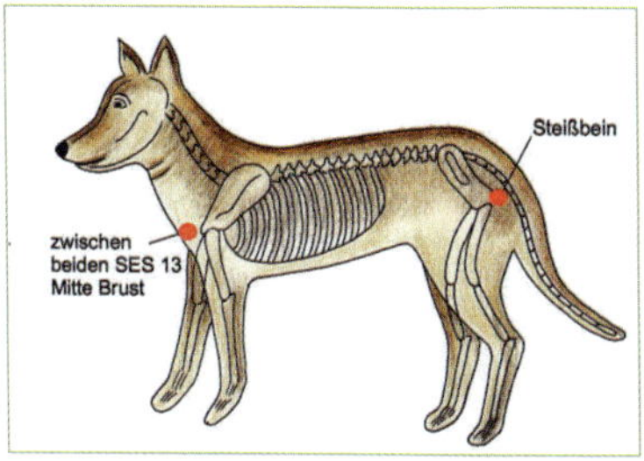

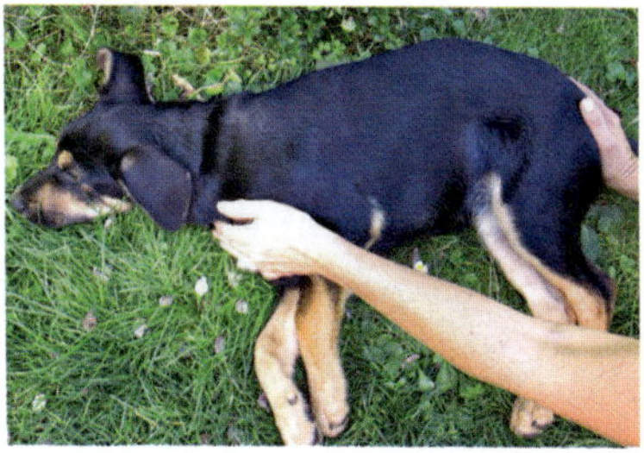

2. Schritt: Legen Sie die rechte Hand in die Mitte der **beiden SES 2**, an die oberen Kante des Beckens.

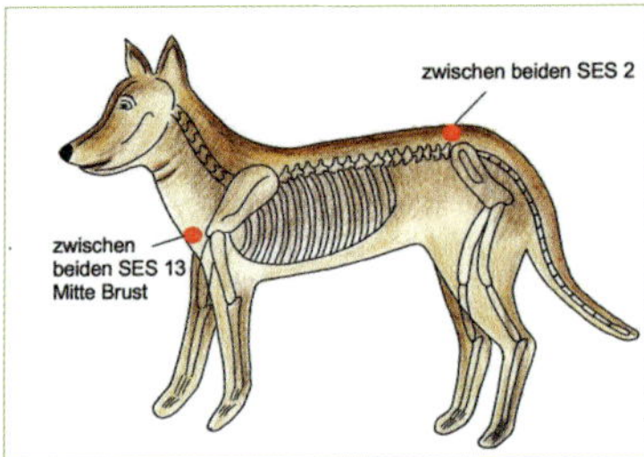

3. Schritt: Legen Sie die rechte Hand in die Mitte der **beiden SES 23**, also auf den Rücken in Höhe des letzten Rippenbogens.

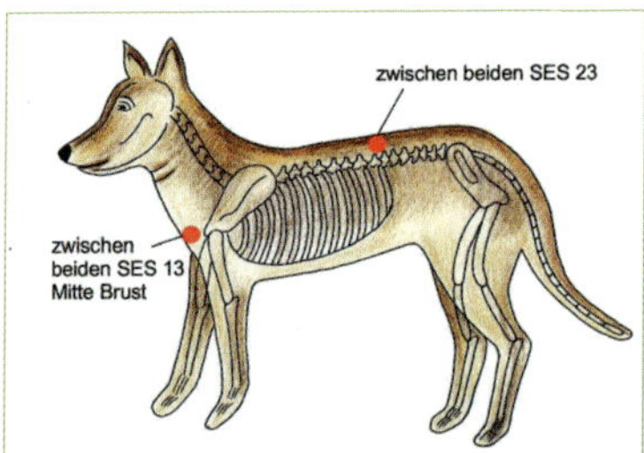

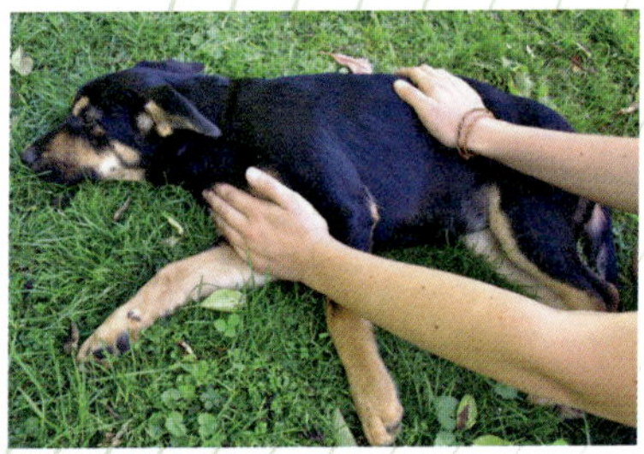

4. Schritt: Legen Sie die rechte Hand in die Mitte der **beiden SES 3, 10** und **9**, zwischen die Schulterblätter. Bei wirklich großen Hunden können Sie die Punkte auch hintereinander halten.

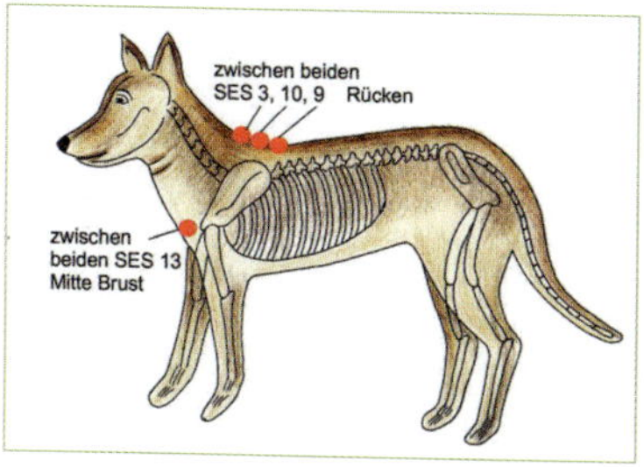

5. Schritt: Legen Sie die rechte Hand in die Mitte der **beiden SES 11**, ans untere Ende der Halswirbel.

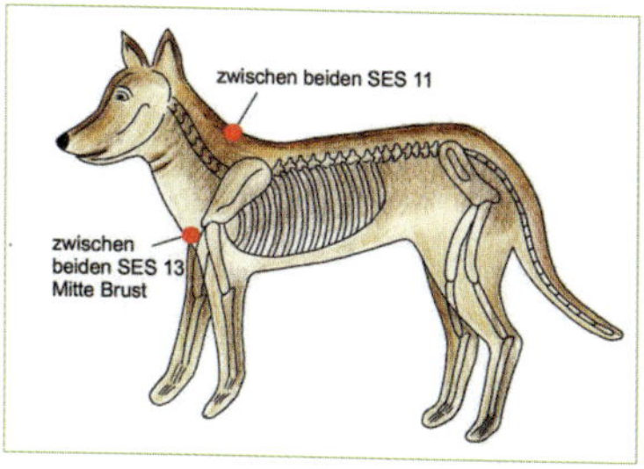

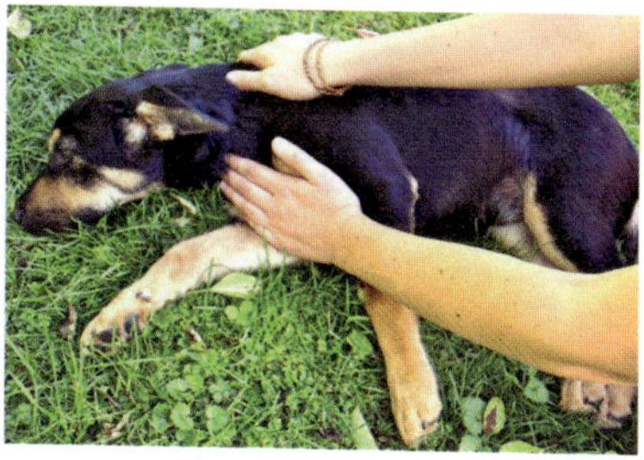

6. Schritt: Legen Sie die rechte Hand in die Mitte der **beiden SES 12**, in die Mitte des Nackens.

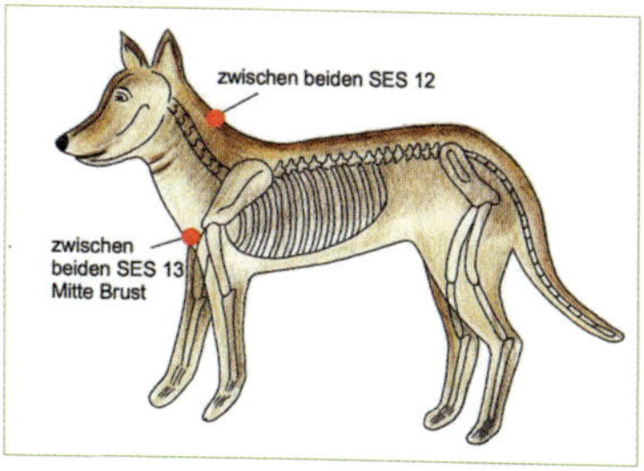

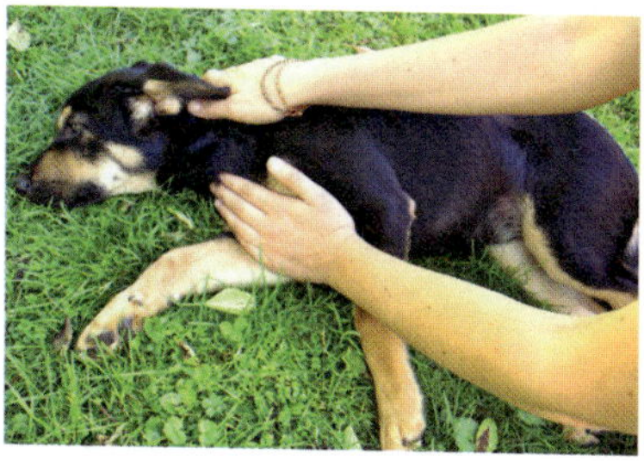

7. Schritt: Legen Sie die rechte Hand in die Mitte der **beiden SES 4**, direkt unterhalb der Schädelbasis.

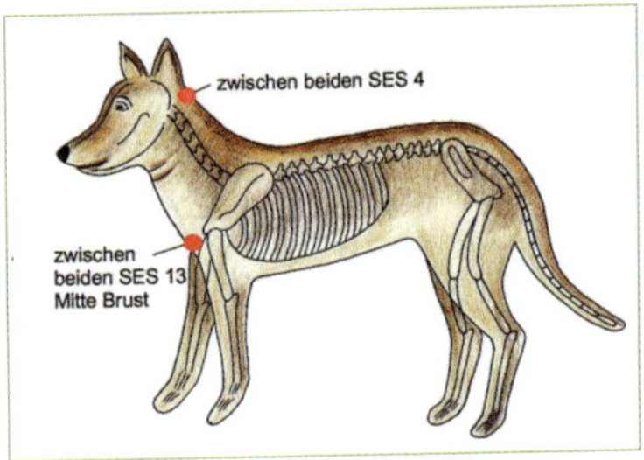

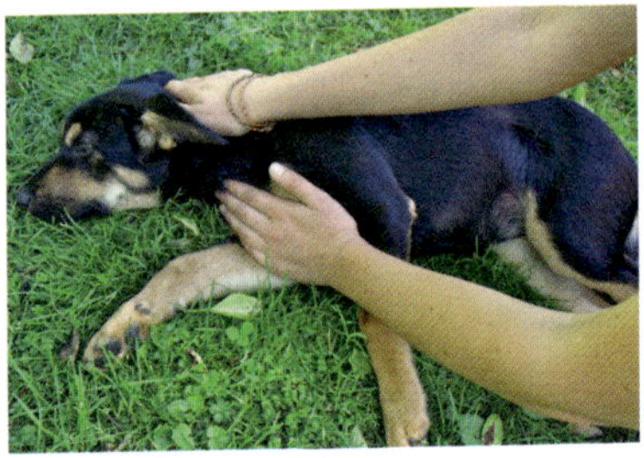

8. Schritt: Legen Sie die rechte Hand in die Mitte der **beiden SES 20**, in die Mitte der Stirn.

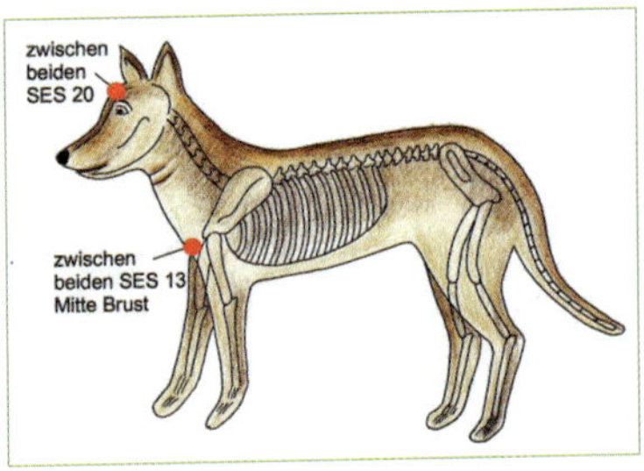

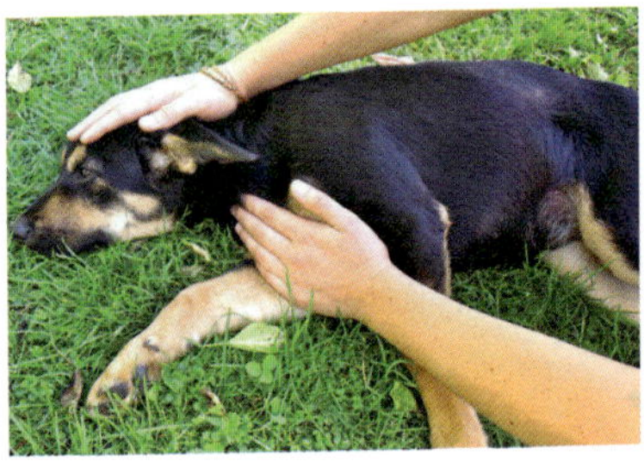

Der Zentralstrom ist sehr kraftvoll und bringt das ganze Wesen in Harmonie und ins Gleichgewicht, und er hilft dabei, voll und ganz zu regenerieren.

Der Zentralstrom

- entspannt Körper, Psyche und Nerven,
- bringt Körper, Geist und Seele neue Kraft und Energie,

- unterstützt das Immunsystem,
- harmonisiert das Hormonsystem,
- belebt den Stoffwechsel,
- regt die Selbstheilungskräfte an,
- kann tiefe Traumata heilen,
- kann Ängste und Depressionen lösen,
- stärkt die Wirbelsäule,
- beruhigt und entspannt am Abend,
- bringt am Morgen Power für den Tag,
- wirkt positiv auf das Nervensystem und das Herz-Kreislauf-System
- und harmonisiert von Kopf bis Fuß.

Die Betreuerströme

Ein weiterer Strom ist der Betreuerstrom. Er harmonisiert das ganze Wesen. Dabei handelt es sich genau genommen um zwei Ströme, die links und rechts symmetrisch auf beiden Seiten des Körpers verlaufen.

Ihr Name kommt von ihrer Aufgabe, beide Seiten des Körpers zu betreuen, sie zu unterstützen – und damit auch alle Energieschlösser, die auf diesen Strömen liegen. Die Betreuerströme wirken also, wie auch der Zentralstrom, sehr tief und umfassend.

Man kann die nachfolgend beschriebenen Griffe zur allgemeinen Harmonisierung anwenden und auch dann, wenn man nicht so recht weiß, was man strömen soll. Sie helfen immer und bei allem.

Anwendung für die linke Körperseite:

1. Schritt: Legen Sie die rechte Hand auf das **linke SES 11** (unteres Ende der Halswirbelsäule) und die linke Hand auf das **linke SES 25** (unter den Sitzbeinhöckern).

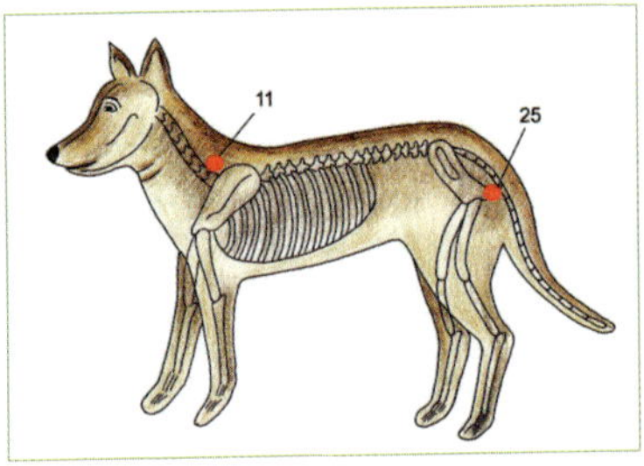

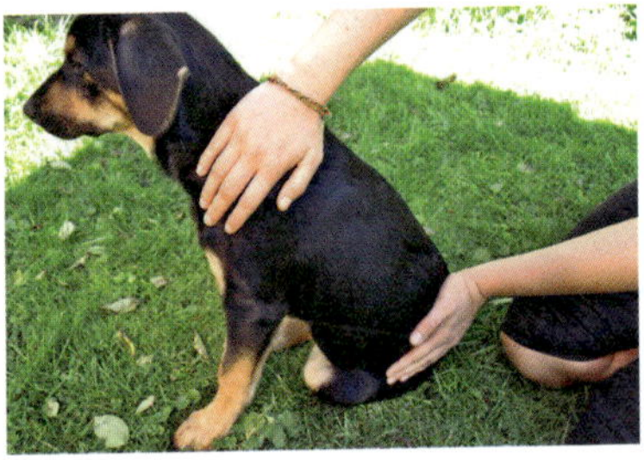

2. Schritt: Lassen Sie rechte Hand auf dem **linken SES 11**, und legen Sie die linke Hand in die Leiste auf das **linke SES 15**.

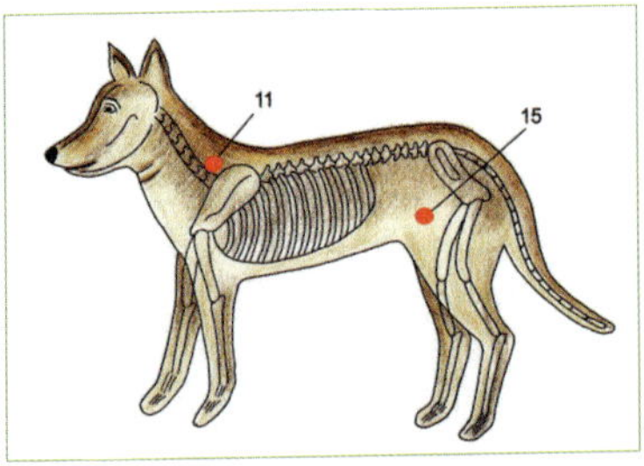

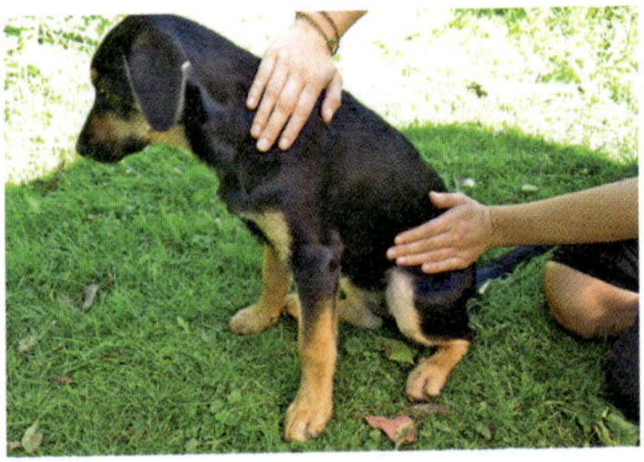

Für die rechte Körperseite machen Sie die Griffe umgekehrt:

1. Schritt: Legen Sie die linke Hand auf das **rechte SES 11** und die rechte Hand auf das **rechte SES 25**.

2. Schritt: Lassen Sie die linke Hand auf dem **rechten SES 11**, und legen Sie die rechte Hand auf das **rechte SES 15**.

Die Betreuerströme

- stärken das gesamte Energiesystem und harmonisieren das ganze Wesen,
- harmonisieren die Atmung,
- unterstützen die Verdauung,
- stärken die Wirbelsäule,
- fördern die Heilung bei Knochenbrüchen,
- helfen, Stress abzubauen,
- unterstützen und harmonisieren alle Energieschlösser
- und sind sehr hilfreich in allen kritischen Situationen.

Drei weitere wichtige Ströme

Im Folgenden werden drei wichtige Organströme beschrieben: der Milzstrom, der Magenstrom und der Blasenstrom. Wenn man hier von Organstrom spricht, geht es nicht nur um das Organ selbst, sondern um die Energiequalität, die mit diesem Organ verbunden ist, also die zugehörigen, über das Organ hinausgehenden körperlichen und psychischen Entsprechungen.

Sie können die Körperseite strömen, die besonders bedürftig ist, auf der das Symptom auftritt oder stärker ist, oder Sie strömen nacheinander beide Körperseiten.

Der Milzstrom

Die Milz nennt man auch den »Ort des Lachens« und den Milzstrom die »persönliche Sonnenbank«. Der Milzstrom ist der wichtigste Strom für das Immunsystem. Er erneuert den ganzen Körper und speist alle Organe mit Energie. Er stärkt die Mitte und hilft, dem Leben zu vertrauen. Er öffnet den Solarplexus und nährt alle anderen Ströme. Er ist auch ein guter Strom, wenn man nicht weiß, was man strömen soll, oder sich nicht sicher ist.

Der Milzstrom

- reinigt die Haut,
- hilft bei Allergien,
- unterstützt die Blutbildung,
- stärkt das Bindegewebe,
- wirkt unterstützend bei Tumoren,
- unterstützt die Milz,
- löst Schreckhaftigkeit,
- hilft bei Überempfindlichkeit,
- löst Stress,
- stärkt das Immunsystem,
- bringt die Gefühle ins Gleichgewicht,
- heilt Traumata,
- löst tiefe Ängste,
- bringt Urvertrauen
- und ist ein wichtiger Strom für alle Lebewesen, die viel Leid erfahren haben.

Anwendung für die linke Körperseite:

1. Schritt: Setzen Sie sich zur rechten Seite des Tieres. Legen Sie die linke Hand auf das **linke SES 5** (Innenseite des Hinterbeines am Sprunggelenk) und die rechte Hand auf das **Steißbein** (unteres Ende Wirbelsäule).

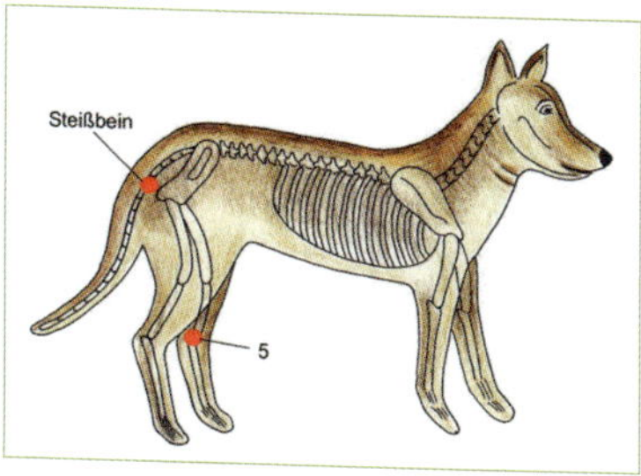

2. Schritt: Legen Sie die linke Hand auf das **Steißbein**, die rechte Hand geht zum **rechten SES 14** (auf die rechte Körperseite in die Mitte unterhalb des letzten Rippenbogens).

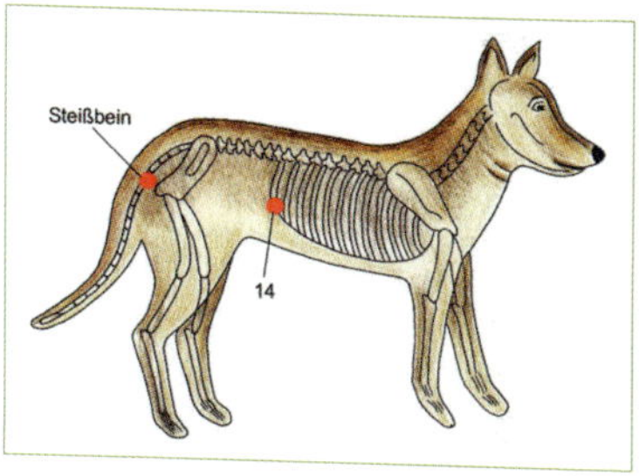

3. Schritt: Legen Sie die linke Hand auf das **rechte SES 14**, die rechte Hand geht auf das **linke SES 13** (auf die linke Seite des Brustkorbs etwas unterhalb der dritten Rippe).

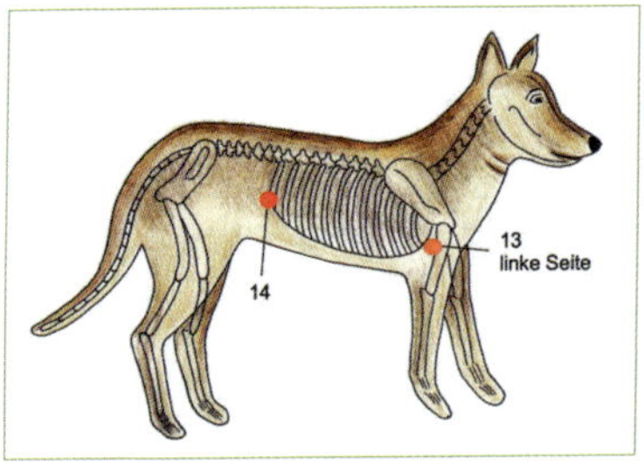

4. Schritt: Die linke Hand bleibt auf dem **rechten SES 14,** während die rechte Hand auf das **rechte SES 22** geht (unter das rechte Schlüsselbein).

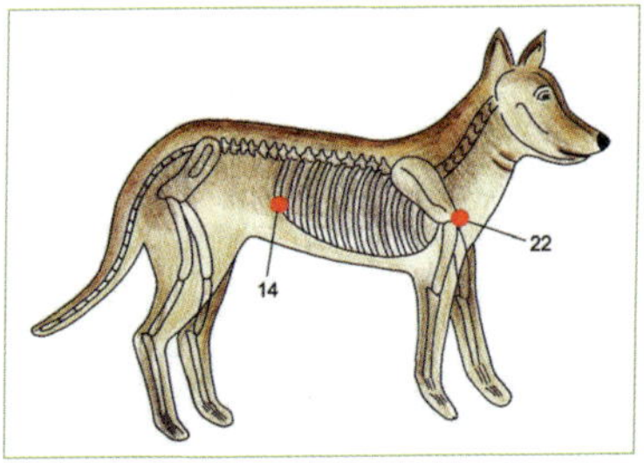

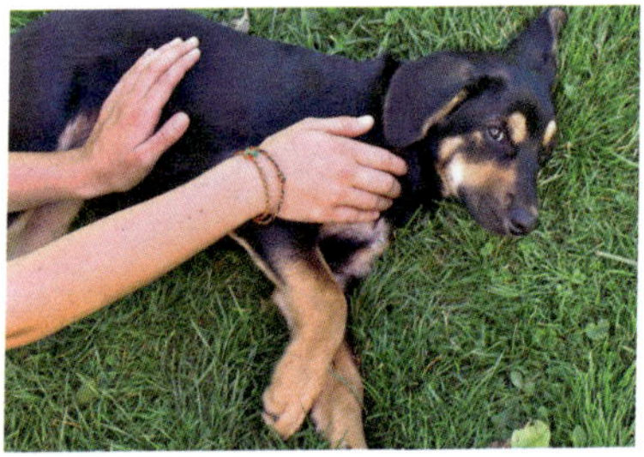

Für die rechte Körperseite machen Sie die Griffe umgekehrt:

Schritt 1: Sitzen Sie links vom Tier. Legen Sie die rechte Hand auf das **rechte SES 5** und die linke Hand auf das **Steißbein.**

Schritt 2: Die linke Hand bleibt auf dem **Steißbein,** und die rechte Hand geht auf das **linke SES 14.**

Schritt 3: Die rechte Hand bleibt auf dem **linken SES 14**, während die linke Hand auf das **rechte SES 13** geht.

Schritt 4: Die rechte Hand bleibt weiterhin auf dem **linken SES 14**, und die linke Hand geht auf das **linke SES 22**.

Kurzgriff für den Milzstrom:
Erster Schritt des **Milzstromes** (S. 33).

Der Magenstrom

Der Magenstrom ist mit seinen sieben Schritten ein längerer Strom. Lassen Sie sich davon nicht schrecken, denn er ist ein sehr kraftvoller Strom, der von Kopf bis Fuß klärt und harmonisiert. Er fließt an der Körperunterseite vom Kopf bis in die Hinterpfoten. Er hält die Mitte offen, sodass die Energie frei hinunter- und wieder hinauffließen kann.

Der Magenstrom

- hilft bei Bauchschmerzen und Koliken,
- bei Verdauungsproblemen,
- bei allem, was mit der Haut zu tun hat,
- ist der große Hautspezialist,
- hilft bei Allergien,
- ist wichtig für alles im Kopfbereich (Kiefer, Lippen, Zähne, Zahnfleisch, Nase, Nebenhöhlen, Ohren),
- reduziert starken Speichelfluss,

- harmonisiert Durchfall (linker Strom) und Verstopfung (rechter Strom),
- löst Blähungen,
- bringt Gewicht und Appetit ins Gleichgewicht,
- löst Sorgen und Ängste,
- hilft bei Nervosität und »Ticks«,
- wirkt unterstützend, wenn Hunde extrem viel Aufmerksamkeit fordern,
- harmonisiert den Hormonhaushalt,
- reguliert den Muskeltonus,
- wirkt harmonisierend bei Diabetes,
- unterstützt die Nieren
- und hilft, alles zu verdauen – körperlich und emotional.

Anwendung für die linke Körperseite:
1. Schritt: Legen Sie die linke Hand auf das **linke SES 21** (am unteren Rand des Jochbeinknochens etwas oberhalb der Nase) oder alternativ, wenn der Hund nicht so gerne im Gesicht berührt werden will, auf das **linke SES 12** (seitlich am Hals in der Mitte der Halswirbelsäule). Die rechte Hand geht auf das **linke SES 22** (unter das linke Schlüsselbein). Auf den Fotos wird das SES 12 geströmt, auf den Abbildungen sind beide SES angegeben.

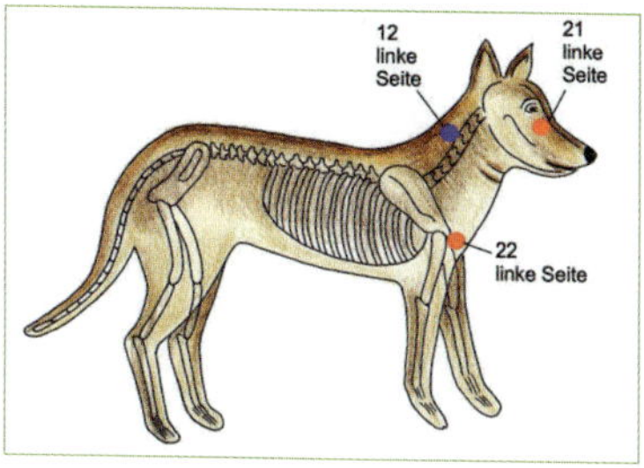

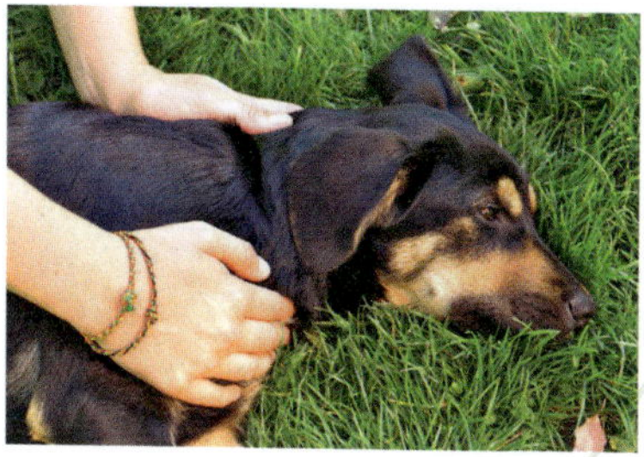

2. Schritt: Die linke Hand bleibt während des ganzen Stromes auf dem **linken SES 21** bzw. **SES 12** liegen. Die rechte Hand geht auf das **rechte SES 14** (seitlich unterhalb des rechten letzten Rippenbogens).

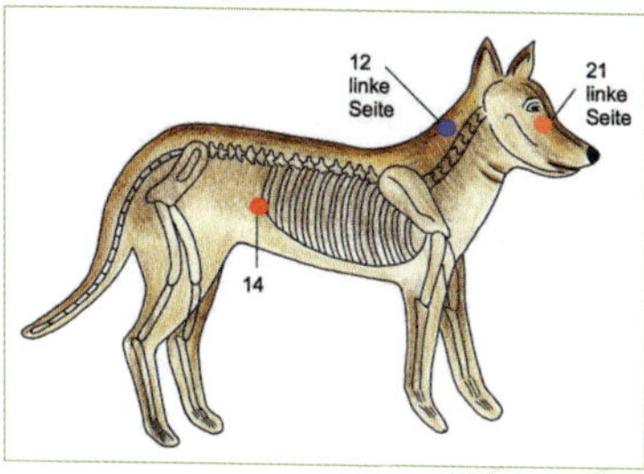

3. Schritt: Nun geht die rechte Hand auf das **rechte SES 23** (zwischen dem letzten Rippenbogen und der Wirbelsäule).

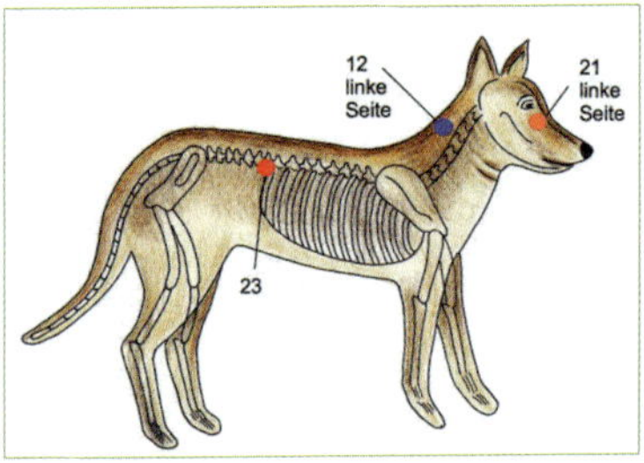

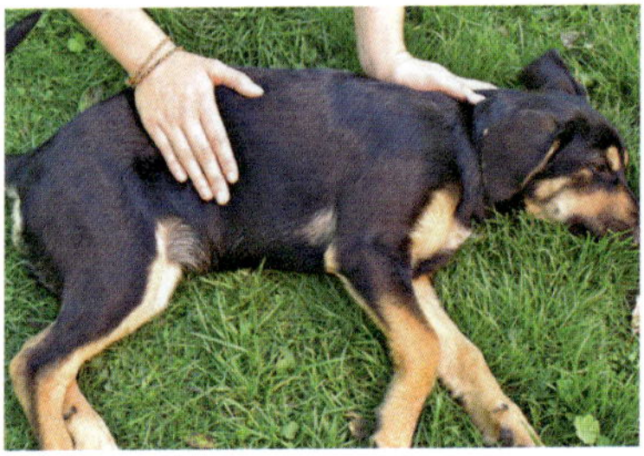

4. Schritt: Legen Sie die rechte Hand auf das **linke SES 14** (seitlich unterhalb des letzten Rippenbogens).

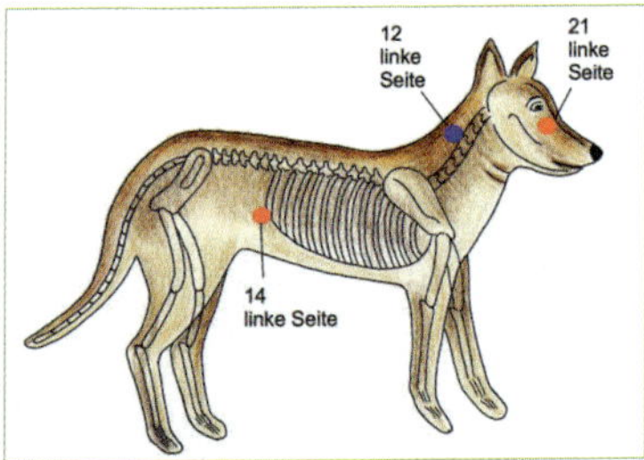

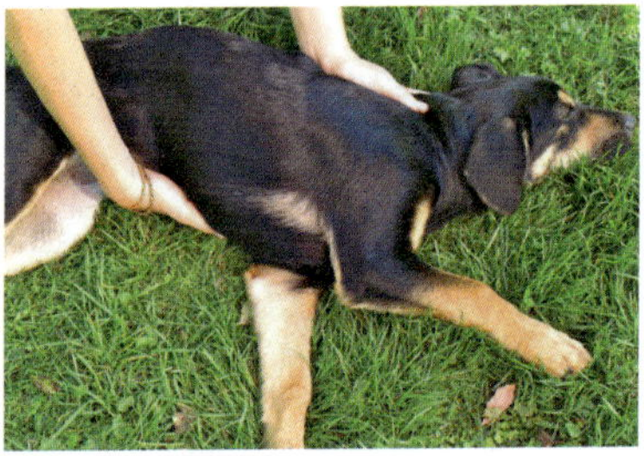

5. Schritt: Legen Sie die rechte Hand auf das **rechte hohe SES 1** (Innenseite Hinterbein etwas oberhalb des Kniegelenkes).

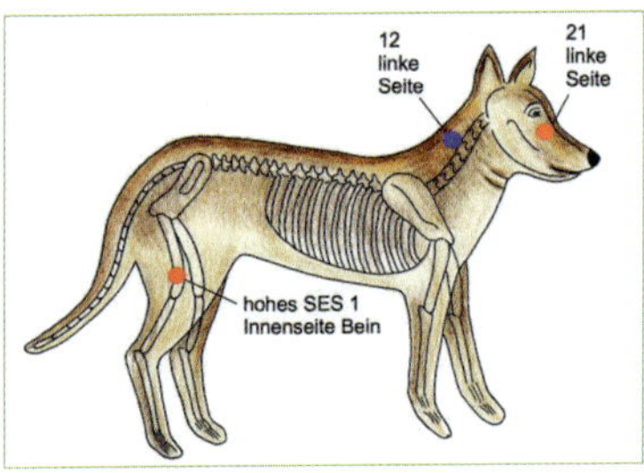

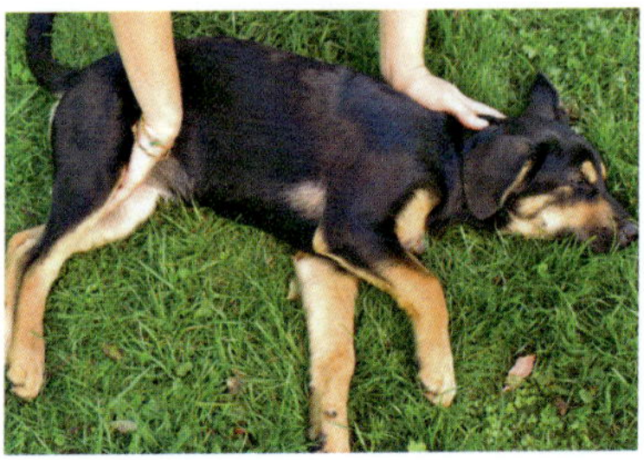

6. Schritt: Legen Sie die rechte Hand auf das **rechte tiefe SES 8** (Außenseite Hinterbein etwas unterhalb des Kniegelenkes).

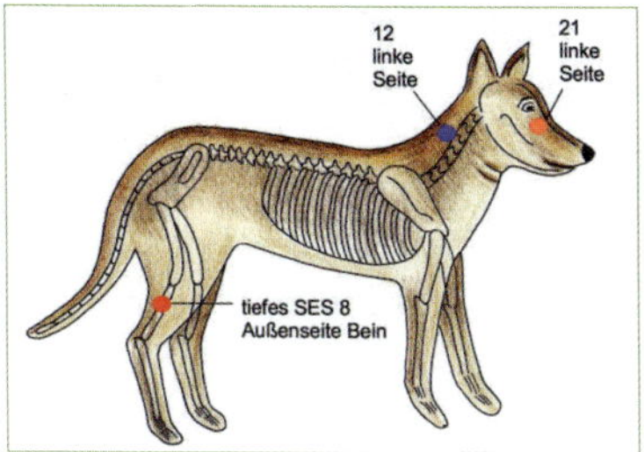

7. Schritt: Nun geht die rechte Hand an die **rechte Pfote in den Bereich des mittleren Zehs.**

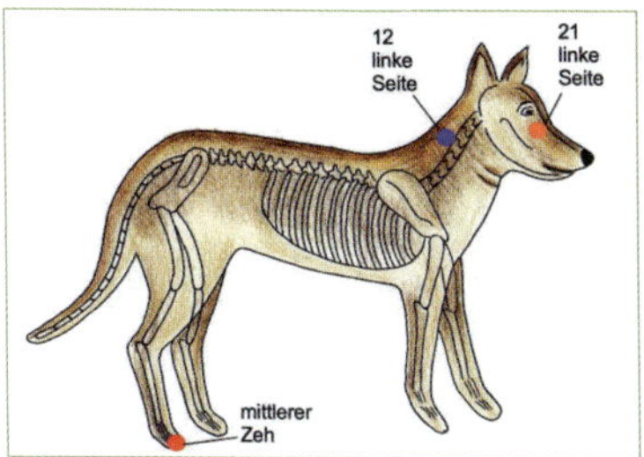

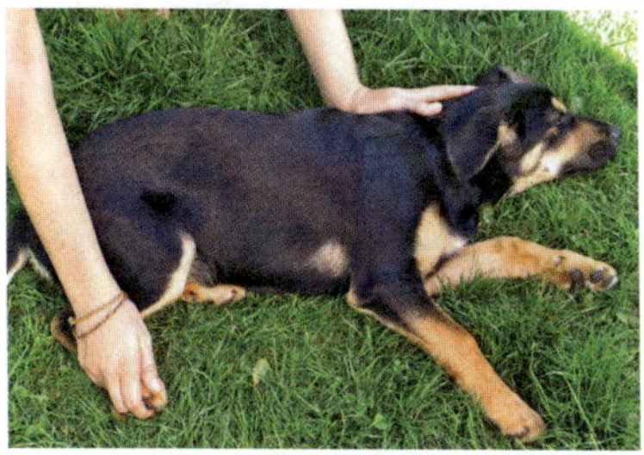

Für die rechte Körperseite machen Sie die Griffe umgekehrt:

1. Schritt: Legen Sie die rechte Hand auf das **rechte SES 21** oder alternativ auf das **rechte SES 12**. Die linke Hand geht auf das **rechte SES 22.**

2. Schritt: Die rechte Hand bleibt während des ganzen Stromes auf dem **rechten SES 21** bzw. **SES 12** liegen. Die linke Hand geht auf das **linke SES 14.**

3. Schritt: Nun geht die linke Hand auf das **linke SES 23.**

4. Schritt: Legen Sie die linke Hand auf das **rechte SES 14.**

5. Schritt: Legen Sie die linke Hand auf das **linke hohe SES 1.**

6. Schritt: Legen Sie die linke Hand auf das **linke tiefe SES 8.**

7. Schritt: Nun geht die linke Hand an die **linke Pfote in den Bereich des mittleren Zehs.**

Kurzgriff für den Magenstrom:
Legen Sie eine Hand auf das **SES 22**, die andere Hand auf das **SES 14.**

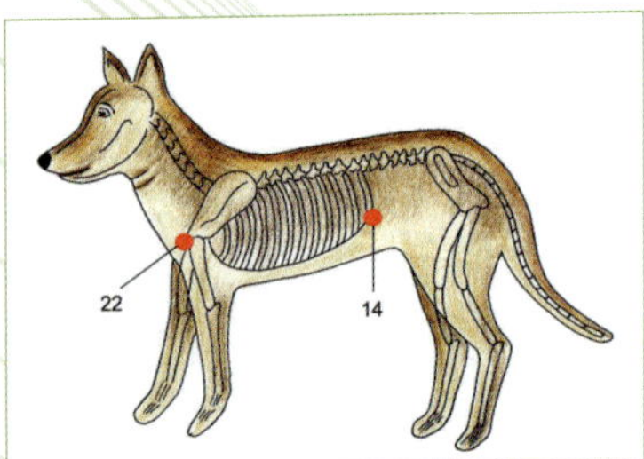

Der Blasenstrom

Der Blasenstrom ist ein sehr einfacher Strom. Alle Griffe sind auf derselben Körperseite und gut zu erreichen.

Der Blasenstrom

- wirkt ausgleichend und harmonisierend,
- gibt tiefe innere Sicherheit und Gelassenheit,
- bringt Ruhe und Ausgeglichenheit,
- kann bei allen Blasenproblemen geströmt werden,
- hilft dem Rücken,
- harmonisiert die Muskeln (Muskelkater, -schwäche, -verspannungen, -aufbau),
- unterstützt bei Herzmuskelschwäche,
- hilft bei Ödemen,
- nimmt den Schmerz aus dem Körper,
- harmonisiert Neid und Eifersucht,
- hilft Knien und Waden,
- unterstützt die Entgiftung und Ausscheidung,
- harmonisiert Durchfall und Verstopfung,
- hilft bei rheumatischen Erkrankungen,
- ist hilfreich vor und nach einer Kastration,
- wirkt unterstützend, wenn Hunde aus dem Tierheim kommen,
- harmonisiert alle Ängste
- und schenkt Liebe und Vertrauen.

Anwendung für die linke Körperseite:

1. Schritt: Legen Sie die linke Hand auf das **linke SES 12** (seitlich neben die Wirbelsäule in der Mitte des Halses). Sie bleibt den ganzen Strom über da liegen. Legen Sie die rechte Hand auf das **Steißbein** (unteres Ende der Wirbelsäule).

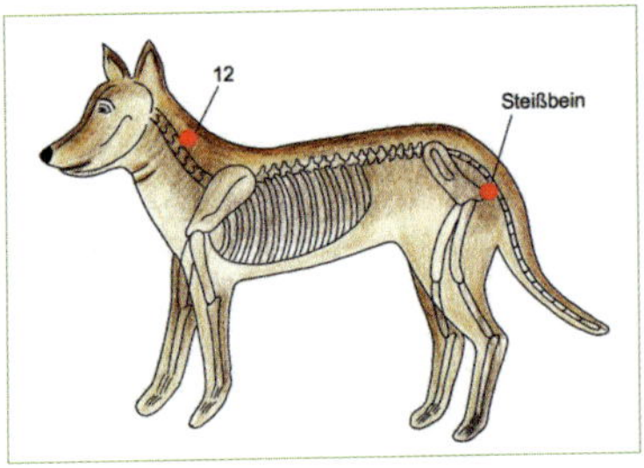

2. Schritt: Legen Sie rechte Hand auf das **linke SES 8** (Außenseite des Hinterbeines am Kniegelenk).

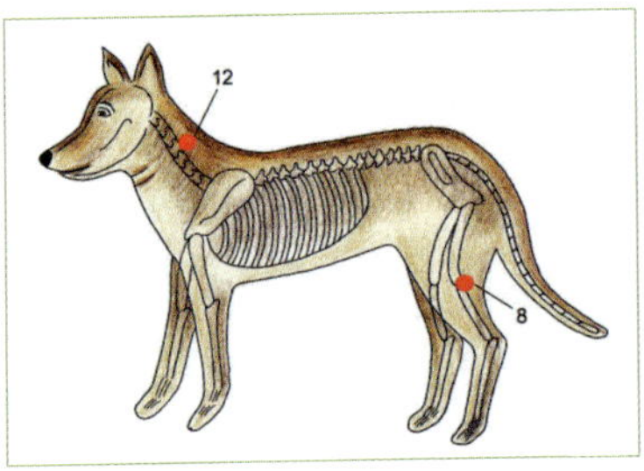

3. Schritt: Legen Sie die rechte Hand auf das **linke SES 16** (an der Außenseite des Sprunggelenkes).

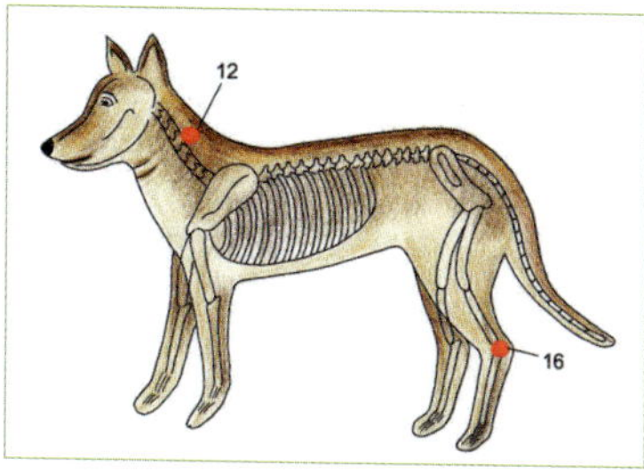

4. Schritt: Nun halten Sie mit der rechten Hand den **linken kleinen Zeh.**

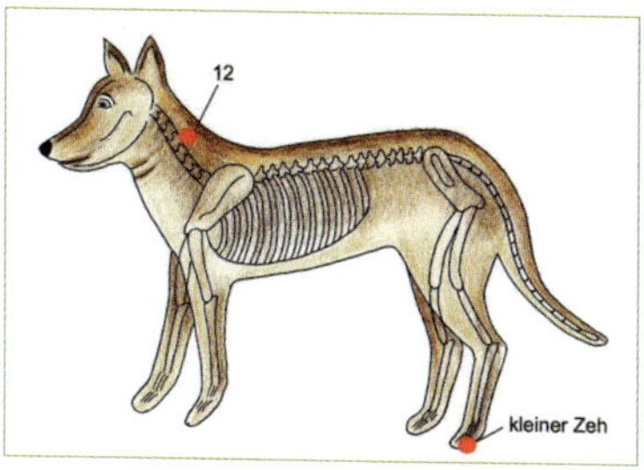

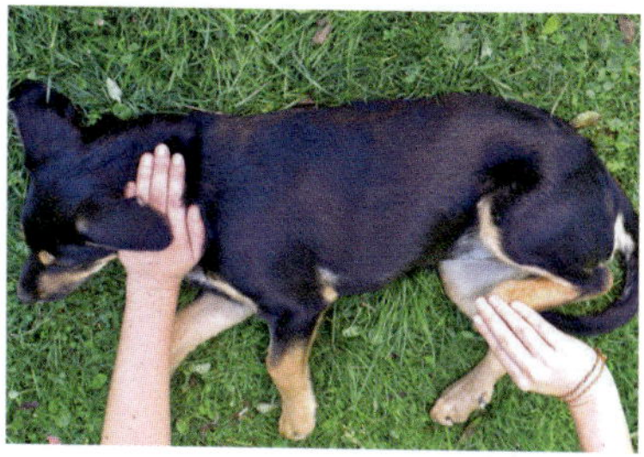

Für die rechte Körperseite machen Sie die Griffe umgekehrt:

1. Schritt: Legen Sie die rechte Hand auf das **rechte SES 12.** Sie bleibt während des ganzen Stromes da liegen. Legen Sie die linke Hand auf das **Steißbein.**

2. Schritt: Legen Sie die linke Hand auf das **rechte SES 8.**

3. Schritt: Legen Sie die linke Hand auf das **rechte SES 16.**

4. Schritt: Nun halten Sie mit der linken Hand den **rechten kleinen Zeh**.

Kurzgriff für den Blasenstrom:

Legen Sie eine Hand auf das **SES 12** und die andere Hand auf das **SES 23**.

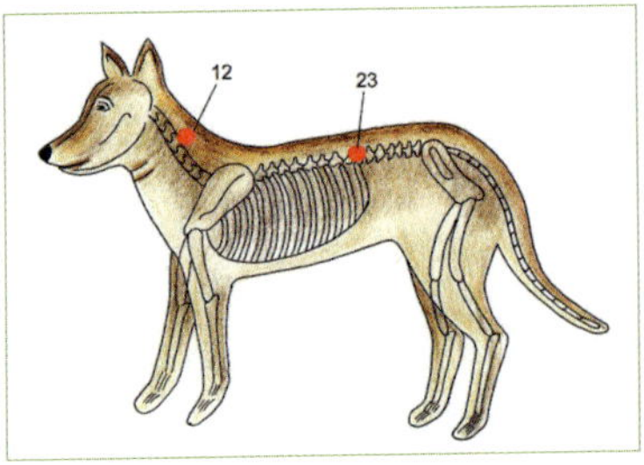

Oder legen Sie eine Hand auf das **SES 23** und die andere Hand auf das **SES 25**.

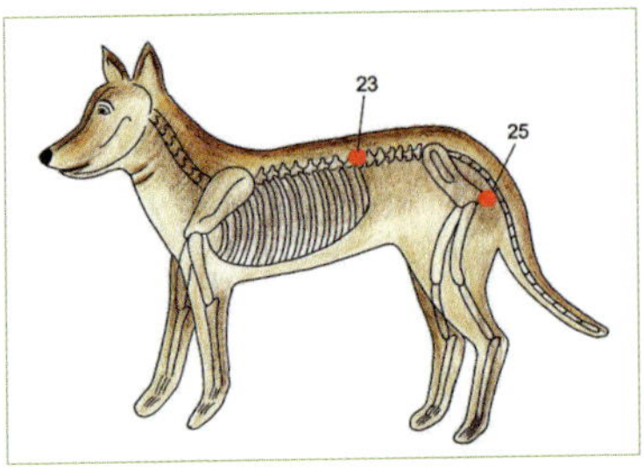

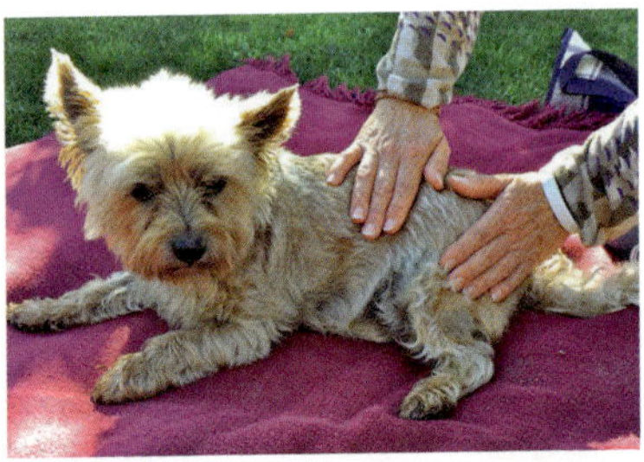

Kopfbereich

Augen

Ein guter Griff bei allen Augenproblemen (Augenentzündungen, Gerstenkorn, Fehlsichtigkeit, …) oder zur grundsätzlichen Stärkung der Augen ist folgender: Legen Sie eine Hand auf die Stirn etwas oberhalb des betroffenen Auges (**SES 20**) und die andere Hand auf der anderen Körperseite in den Nacken direkt unterhalb des Schädelknochens (**SES 4**).

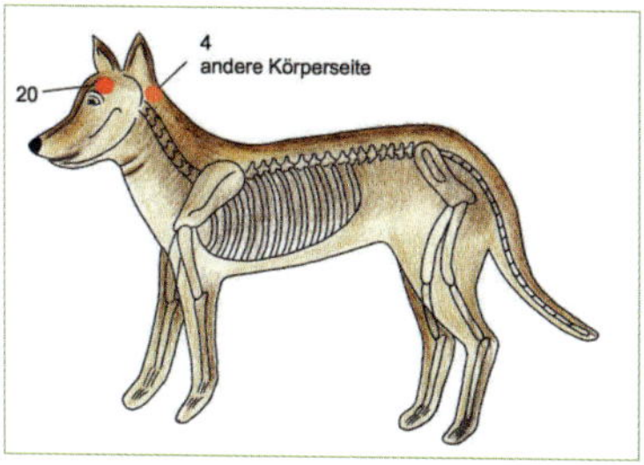

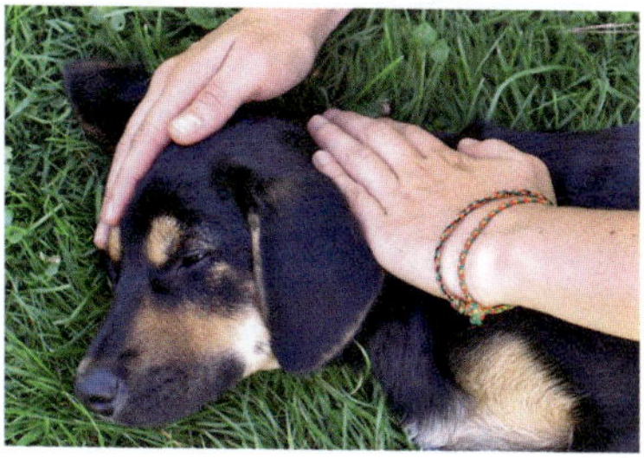

Verbesserung der Sehfähigkeit

Außer dem o.g. Griff können Sie auch eine Hand in den Nacken legen (zwischen **beide SES 4**) und die andere Hand auf das Brustbein (**SES 13**).

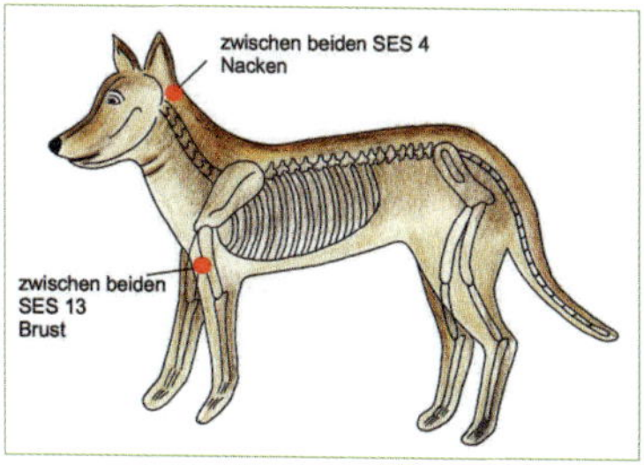

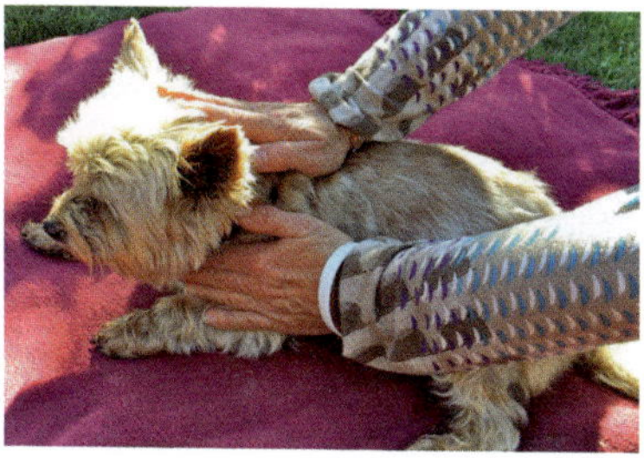

Legen Sie eine Hand unter das Schlüsselbein auf der Körperseite des betroffenen Auges (**SES 22**), die andere Hand auf die andere Körperseite in den Nacken unterhalb des Schädelknochens (**SES 4**).

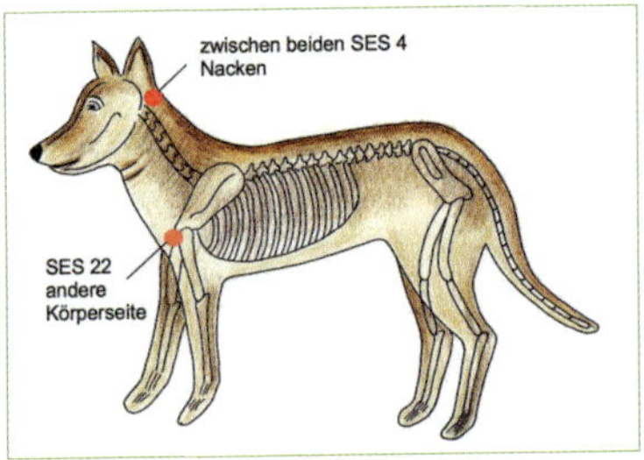

Augenentzündung

Siehe »Verbesserung der Sehfähigkeit« (S. 47).

Fremdkörper im Auge

Legen Sie die linke Hand leicht auf oder etwas über das **betroffene Auge** und die rechte Hand auf Ihre **linke Hand.** Oder halten Sie **beide SES 1** (Innenseite Knie Hinterbeine).

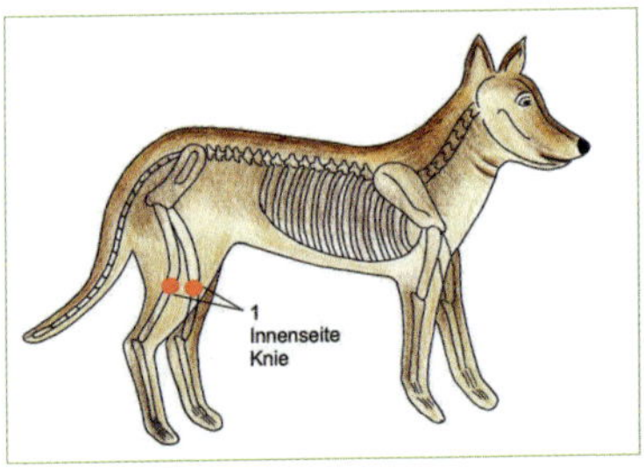

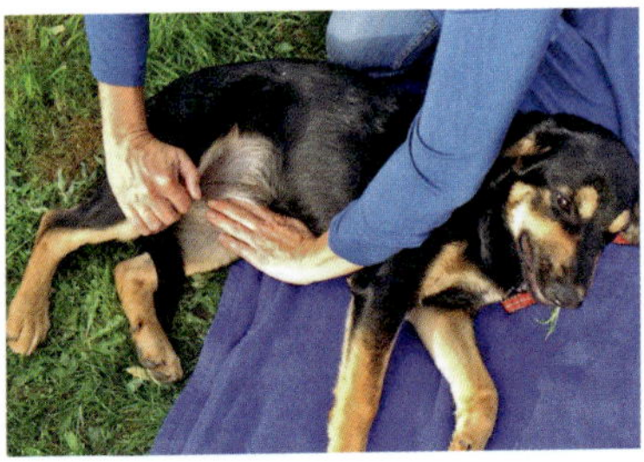

Verklebung des Tränenkanals

Länger andauernder einseitig oder beidseitig auftretender Tränenfluss kann (sofern am äußeren Auge keine Veränderung ersichtlich ist) auf eine Verklebung des Tränenkanals zurückzuführen sein. Um den Tränenkanal wieder zu öffnen, legen Sie eine Hand in den Nacken zwischen **beide SES 12** und die andere Hand auf das **Steißbein**.

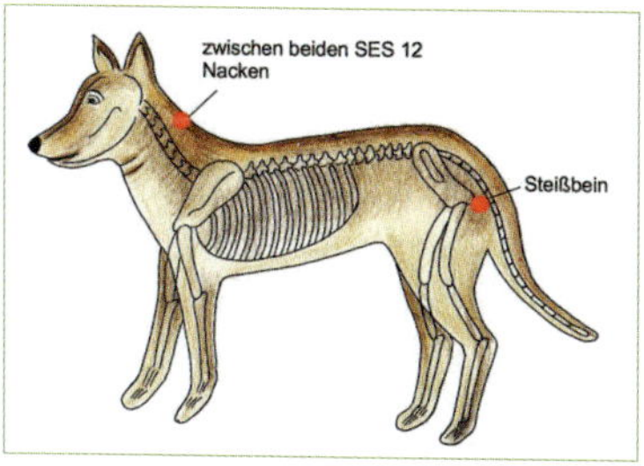

Nickhautprobleme

Einige Hunderassen mit viel Gelefze, z. B. Doggen oder Boxer, leiden oft unter einer Umstülpung des Nickhautknorpels oder auch unter einer Schwellung der Nickhautdrüse, was dann meist eine Bindehautentzündung nach sich zieht. Die Ursache ist ein schlaffes Bindegewebe in dieser Augengegend. Folgender Griff unterstützt die Stärkung des Bindegewebes: Legen Sie eine Hand an die Außenseite des Knöchels am Hinterbein (**SES 16**) und die andere Hand an den Po unterhalb des Sitzhöckers (**SES 25**) – beides auf der betroffenen Körperseite.

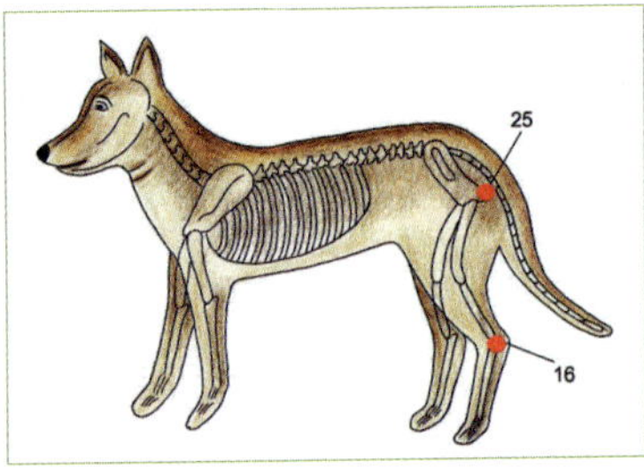

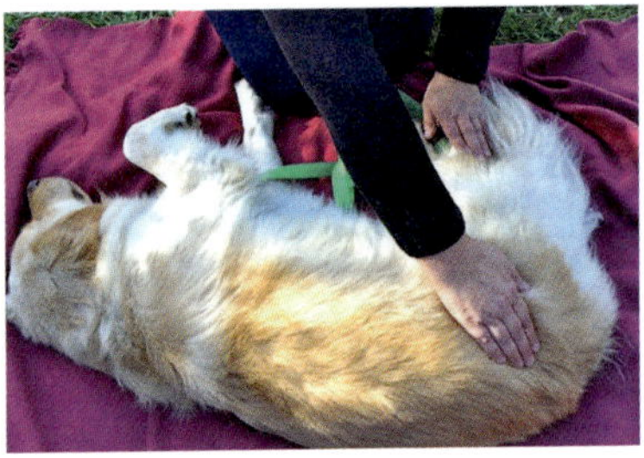

Ohren

Der **Blasenstrom** (S. 41) wirkt unterstützend und harmonisierend bei allem, was mit den Ohren und dem Gehör zu tun hat. Als Kurzgriff können Sie eine Hand in den Nacken (zwischen **beide SES 12**) und die andere Hand auf das **Steißbein** legen.

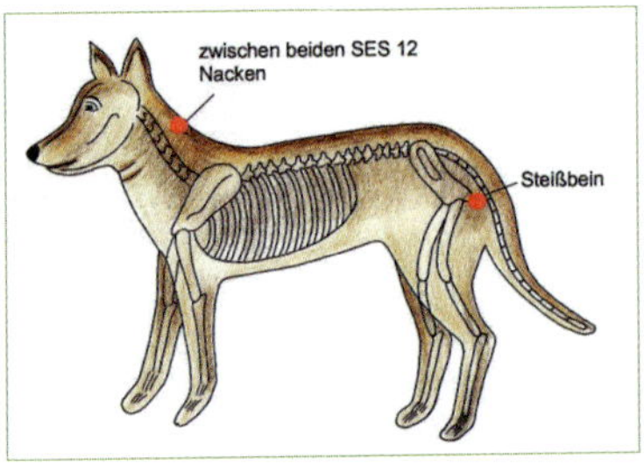

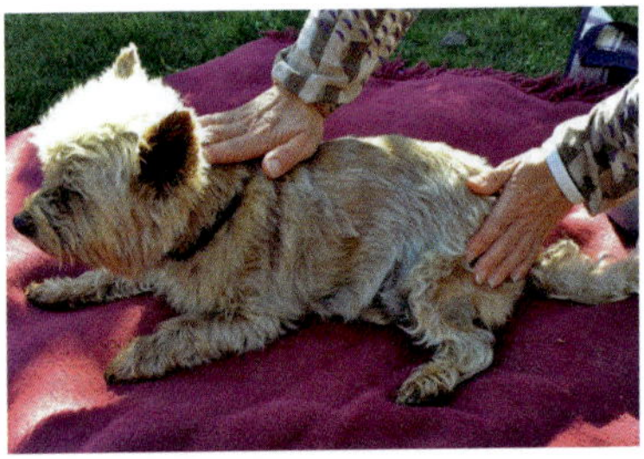

Gehör

Bei einer Beeinträchtigung des Gehörs können Sie außer den o.g. Griffen **beide SES 5** halten (Innenseite Knöchel Hinterpfoten)

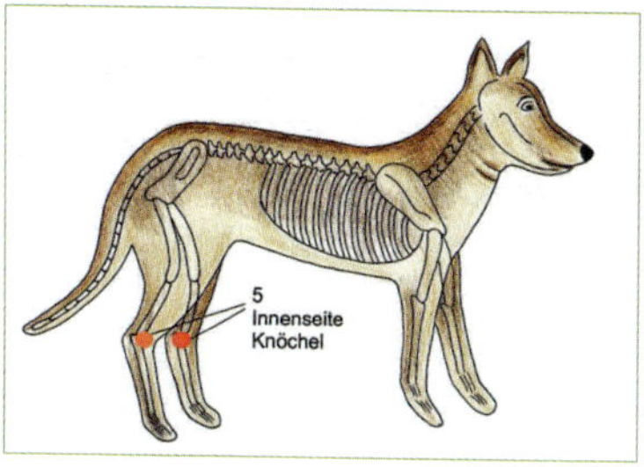

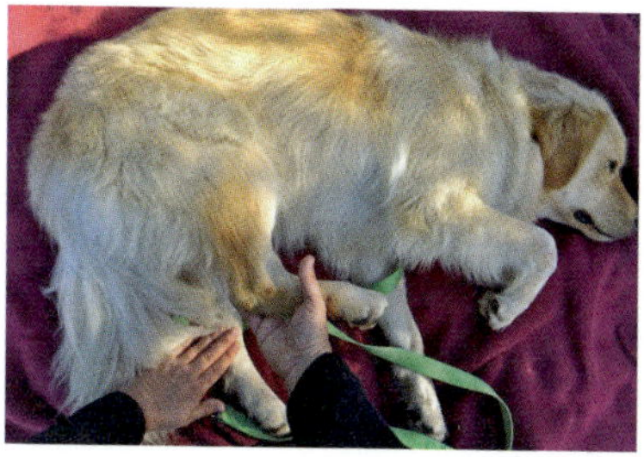

Oder Sie legen eine Hand auf das **Schambein**, die andere Hand in den Bereich des **kleinen Zehs der Hinterpfote** auf der Seite des betroffenen Ohres.

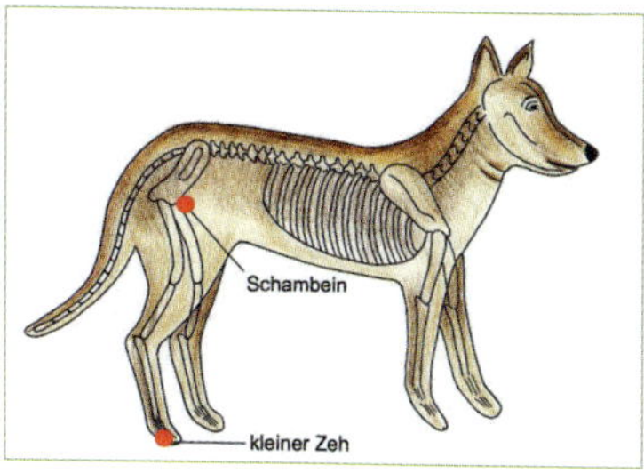

Ohrenentzündung

Bei Ohrenentzündungen halten Sie, um die Schmerzen zu lindern, Innen- und Außenknöchel des Hinterbeines (**SES 5** und **SES 16**). Dabei können Sie entweder erst eine Körperseite strömen und dann die andere, oder Sie strömen beide Seiten zusammen, indem Sie mit jeder Hand jeweils das **SES 5** und das **SES 16** halten.

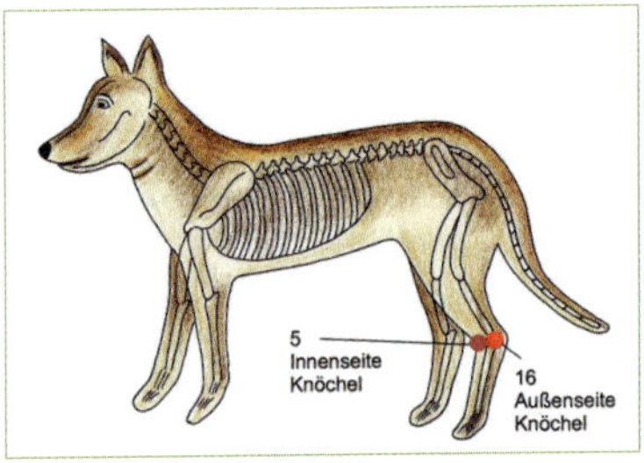

Legen Sie eine Hand auf das **SES 13** und die andere Hand auf das **SES 25** auf der Körperseite des betroffenen Ohres.

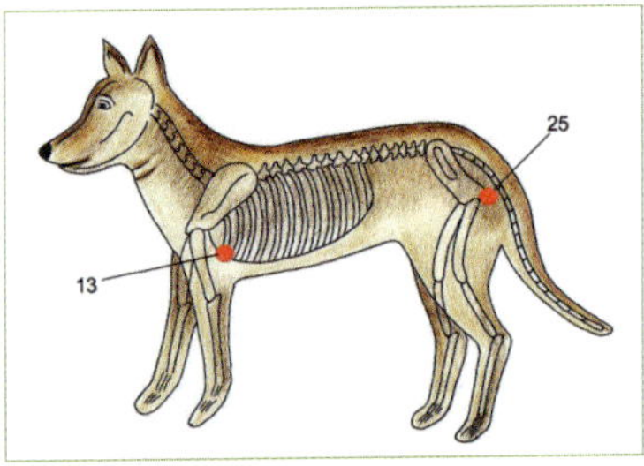

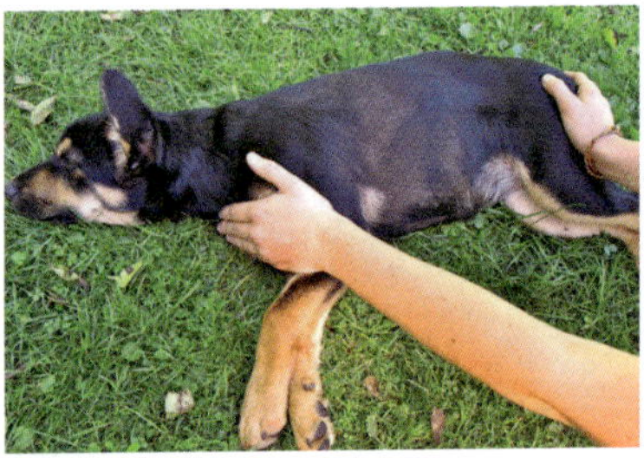

Legen Sie die linke Hand auf oder leicht über das **betroffene Ohr** und die rechte Hand auf die **linke Hand**.

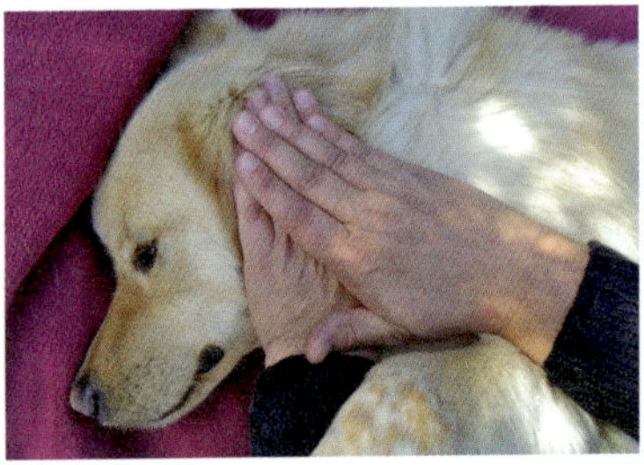

Kopfbereich

Ohrmilben

Hat Ihr Hund immer wieder Ohrmilben, wenden Sie den Parasitengriff an: Halten Sie **beide SES 19** (in der Ellenbeuge), oder legen Sie eine Hand auf das **SES 19** des betroffenen Ohres, die andere Hand auf das **SES 1** der anderen Körperseite.

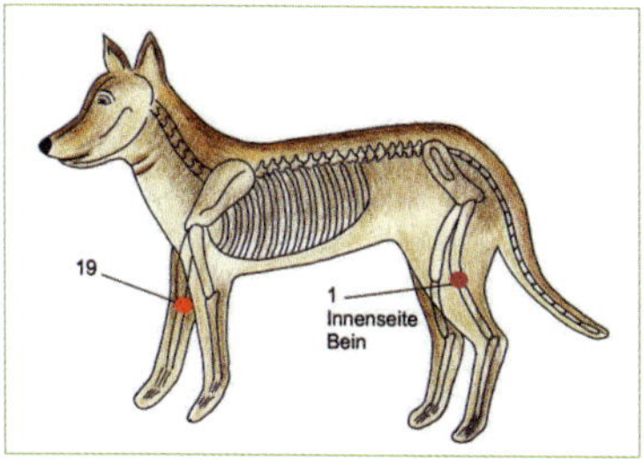

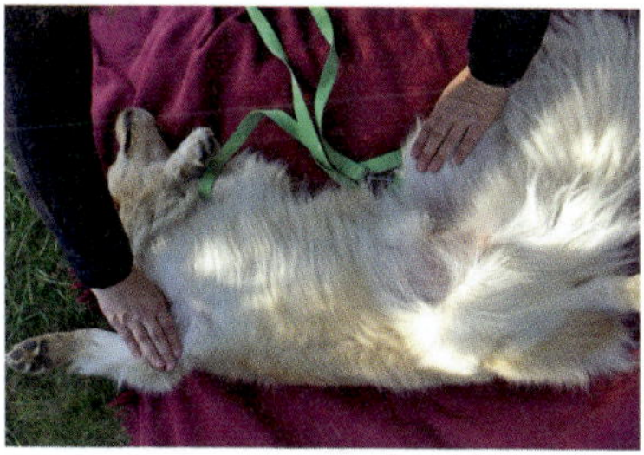

Ohrrandekzem

Das meist chronische Ohrrandekzem lässt sich gut mit dem **Milzstrom** (S. 32) harmonisieren. Der Milzstrom ist ein guter Unterstützer für die Haut und der Strom der Wahl bei allen Pilzerkrankungen. Sehr häufig sind Ohrrandekzeme auch verpilzt.

Maul und Zähne

Für alles, was mit dem Maul und den Zähnen zu tun hat, eignet sich der **Magenstrom** (S. 35) oder, wenn Ihnen der Strom manchmal zu lang ist, der Kurzgriff dazu.

Zahnen

Nicht nur Babys, sonder auch Welpen können sich mit dem Zahnwechsel schwertun. Legen Sie zuerst eine Hand auf das **SES 5** und das **SES 16** und die andere Hand an die **Wade**. Dann halten Sie mit einer Hand weiterhin das **SES 5** und das **SES 16** und legen die andere Hand auf das **Steißbein**.

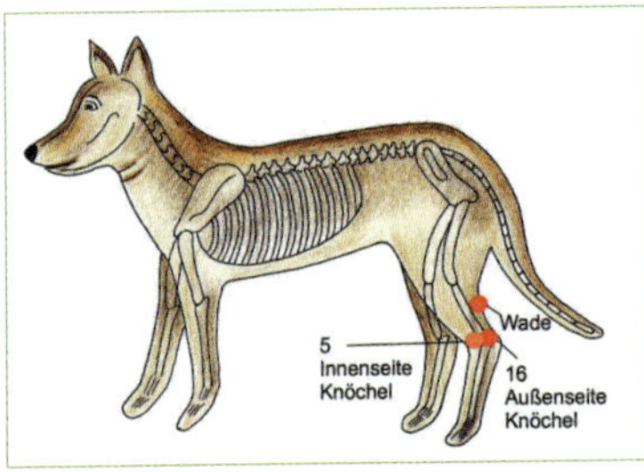

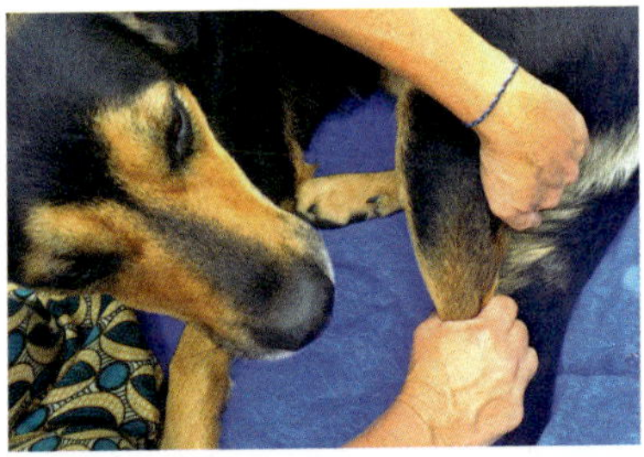

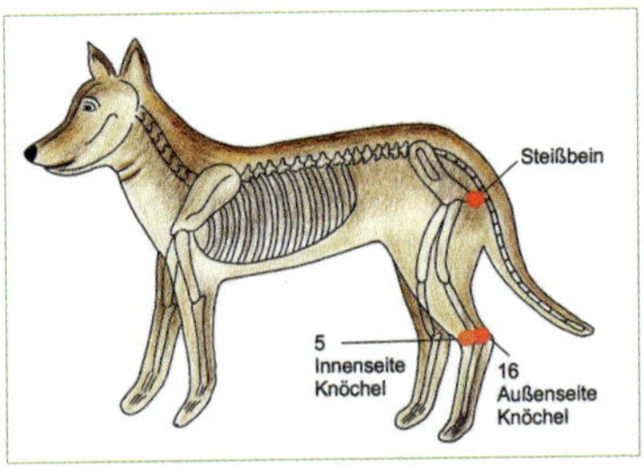

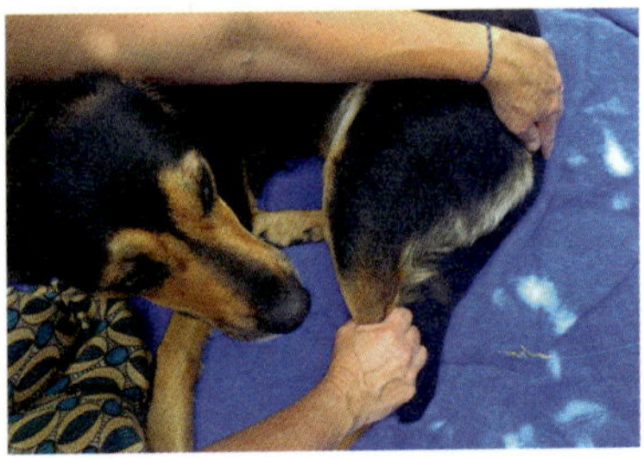

Bei kleinen Hunden können Sie das **SES 16** und die Wade zusammen halten und mit der anderen Hand das **SES 25**.

Karies

Hunde gehen noch weniger gern zum Zahnarzt als wir Menschen, daher ist es sehr wichtig, Karies vorzubeugen.

Wichtig ist dafür eine gesunde Ernährung. Geben Sie Ihrem Hund keine Süßigkeiten, keinen Kuchen oder etwas anderes vom Tisch. Im Fachhandel gibt es gesunde Kauprodukte zur Hundezahnpflege.
Die Karies-Ström-Prophylaxe: Machen Sie regelmäßig den **Magenstrom** (S. 35). Oder halten Sie das **SES 16** zusammen mit dem **tiefen SES 8** (etwa eine Pfotebreit unterhalb des SES 8).

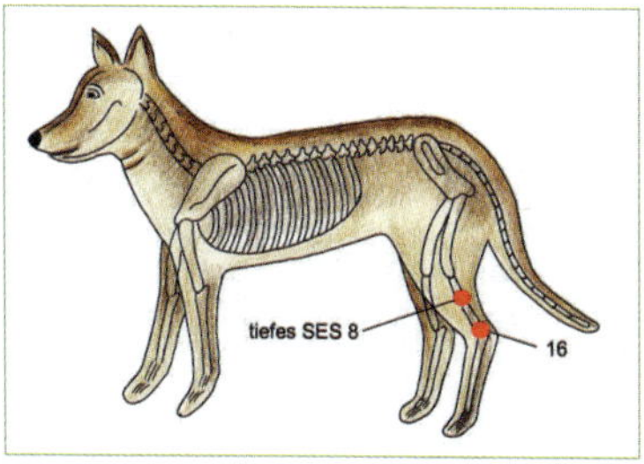

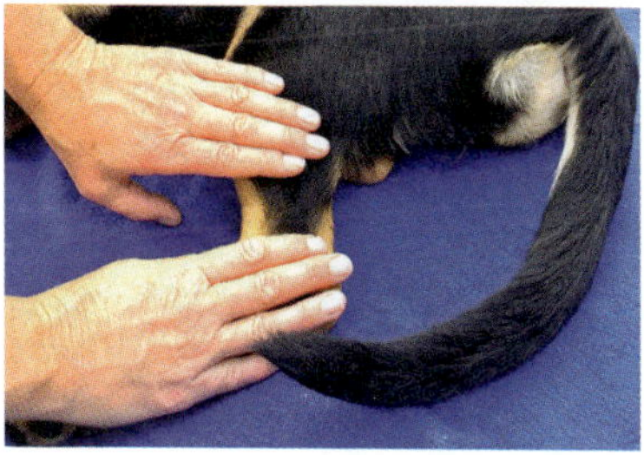

Zahnfleischprobleme

Bei entzündetem Zahnfleisch oder zur Stärkung des Zahnfleisches halten Sie mit einer Hand das **SES 5** und das **SES 16**, die andere Hand legen Sie auf das **tiefe SES 8**.

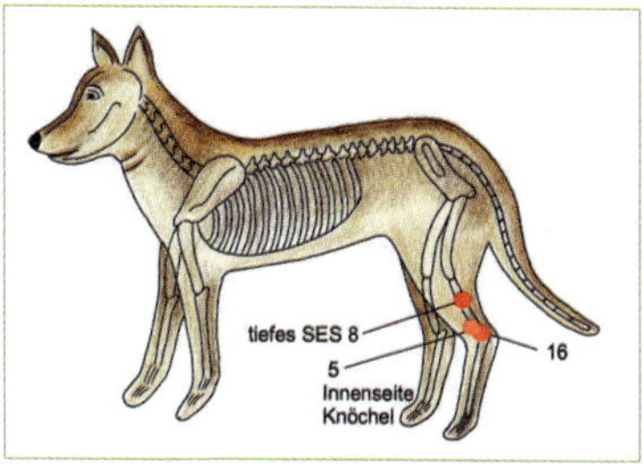

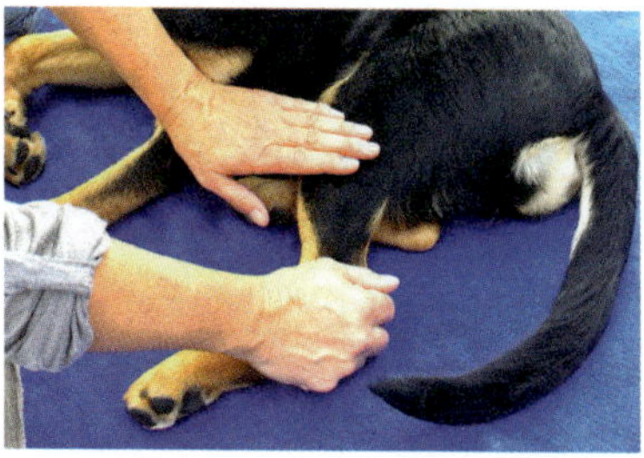

Oder machen Sie den ersten Griff vom **Magenstrom** (S. 35).

Maulgeruch

Wenn der Hund penetrant aus der Schnauze riecht, kann das unterschiedliche Ursachen haben, z. B. falsche Fütterung, Magenprobleme, Zahnprobleme, ein Lefzenekzem oder eine Stoffwechselerkrankung. Hier eignet sich der **Magenstrom** (S. 35). Er reguliert die Verdauung und steht für alles, was mit der Schnauze und den Zähnen zu tun hat.
Um den Stoffwechsel zu harmonisieren, halten Sie das **SES 25** zusammen mit dem **SES 11**.

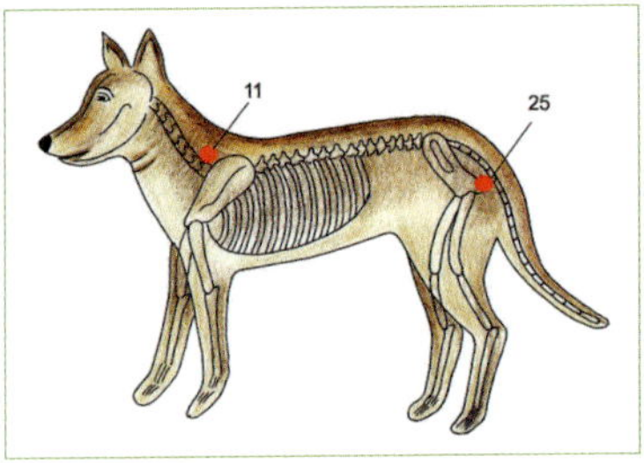

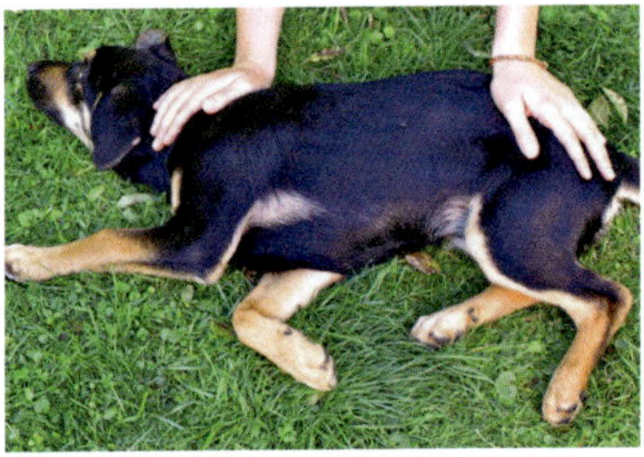

Lefzenekzem

Bei einem Lefzenekzem sammeln sich in den Hautfalten der Lefzen Bakterien und Pilze an und lösen eine Entzündung aus, die sich durch einen extrem unangenehmen Geruch bemerkbar macht. Achten Sie auf eine gute Pflege der Hautfalten. Säubern Sie sie nach dem Fressen, halten Sie auch den Futternapf immer sauber, denn hier bilden sich sehr schnell Bakterien, die dann beim Hund gleich wieder eine Entzündung auslösen können. Halten Sie das **SES 3** gegen die Entzündung, am besten zusammen mit dem **SES 15**.

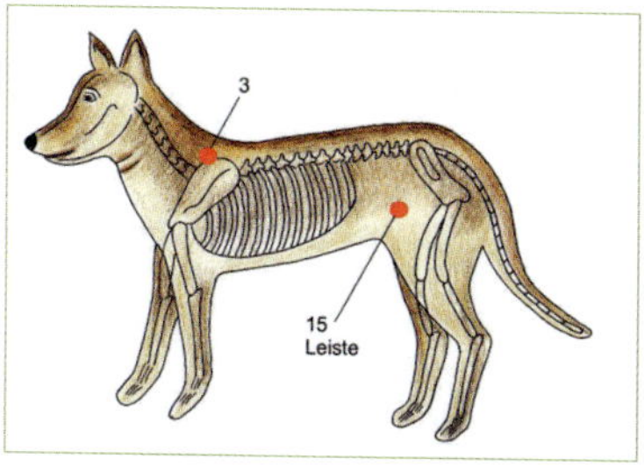

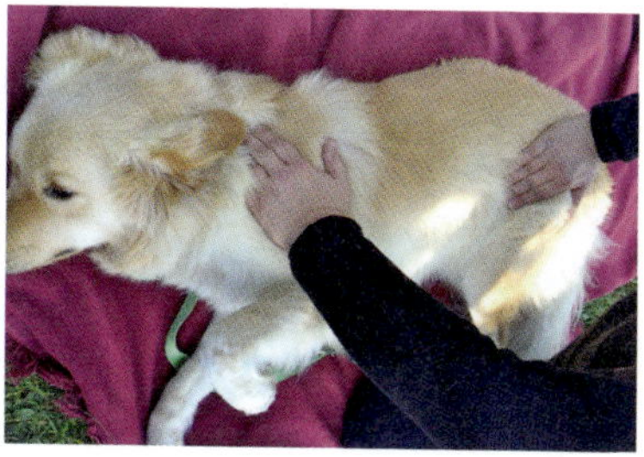

Maulfäule

Machen Sie den **Magenstrom** (S. 35) oder den Kurzgriff dafür.

Gehirn

Gehirnhautentzündung

Mit einer Gehirnhautentzündung ist nicht zu spaßen, sie ist eine ernste und bedrohliche Erkrankung. Sie können aber die ärztliche Behandlung mit Strömen gut begleiten: Halten Sie mit der einen Hand das **SES 5** und das **SES 16**, mit der anderen Hand das **SES 7**.

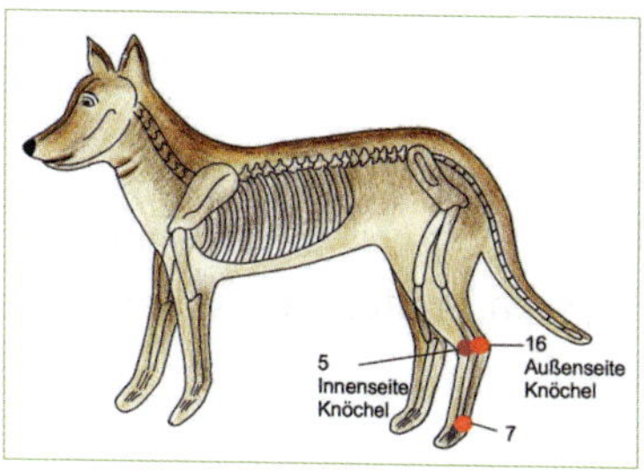

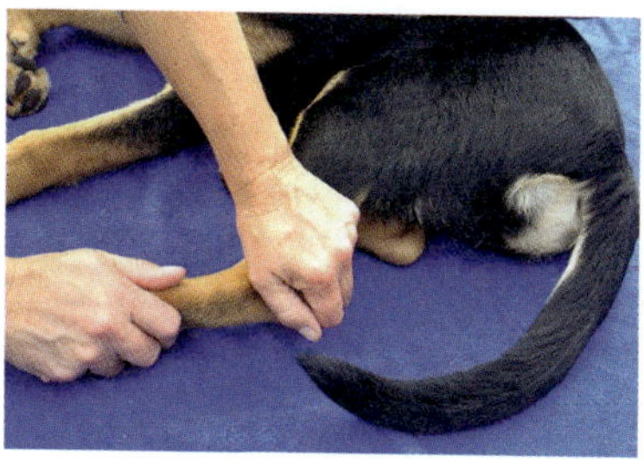

Legen Sie dann die Hand, die auf dem **SES 7** liegt, auf das **SES 3**. Machen Sie die Griffe erst auf der einen und dann auf der anderen Körperseite.

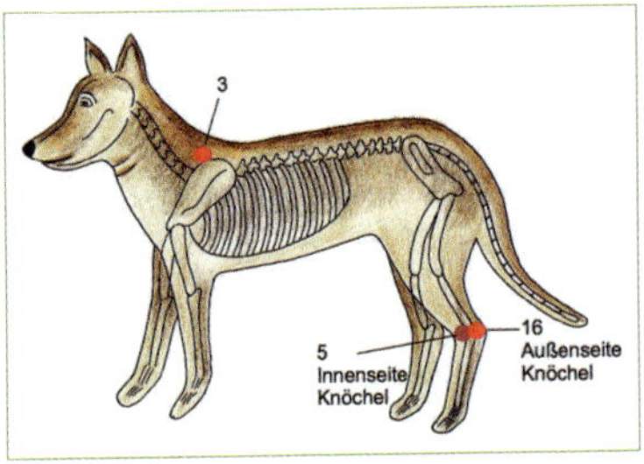

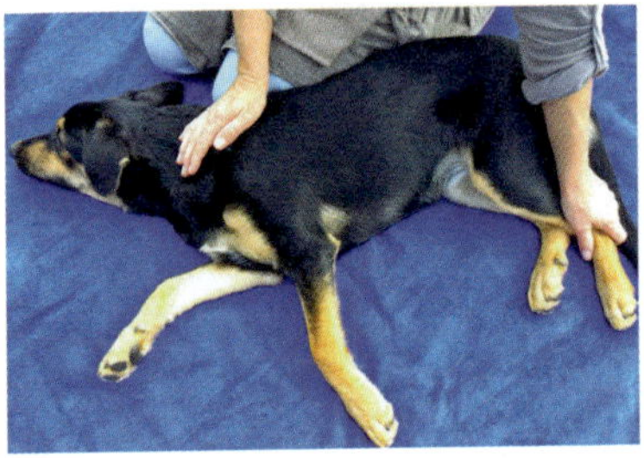

Schlaganfall

Machen Sie täglich den **Pfotenstrom** (S. 21). Zur unterstützenden Behandlung nach einem Schlaganfall strömen Sie möglichst oft das **SES 7** oder das **SES 7** zusammen mit dem **SES 6**.

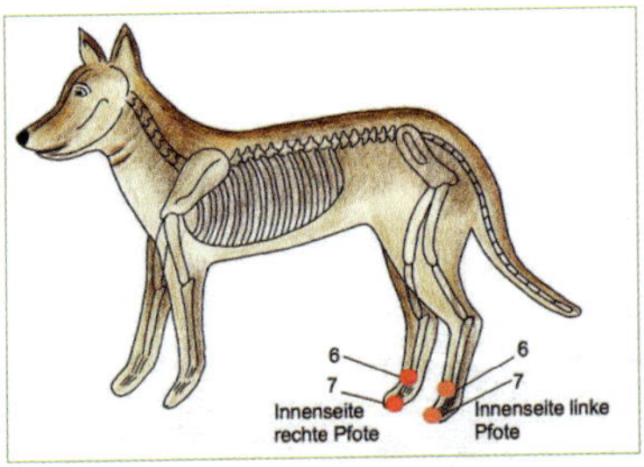

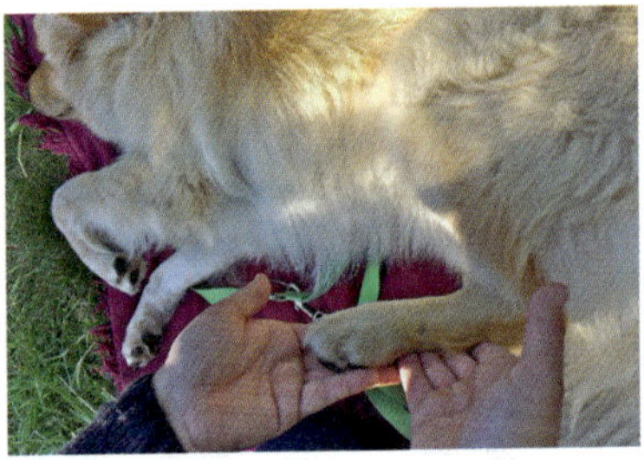

Halten Sie auf der Seite, die der betroffenen gegenüberliegt, folgende SES in der angegebenen Reihenfolge:

Kopfbereich

SES 5 und SES 16

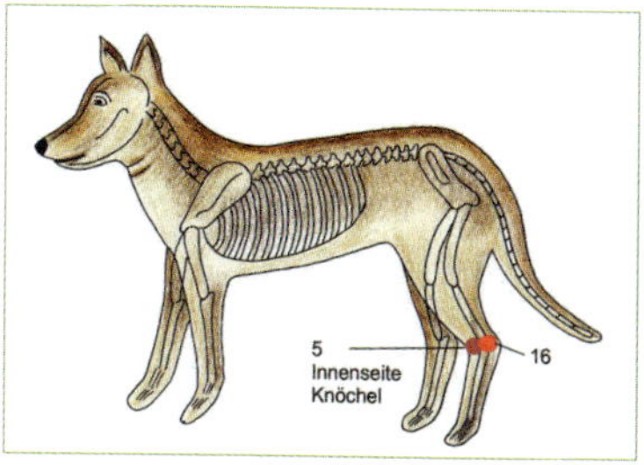

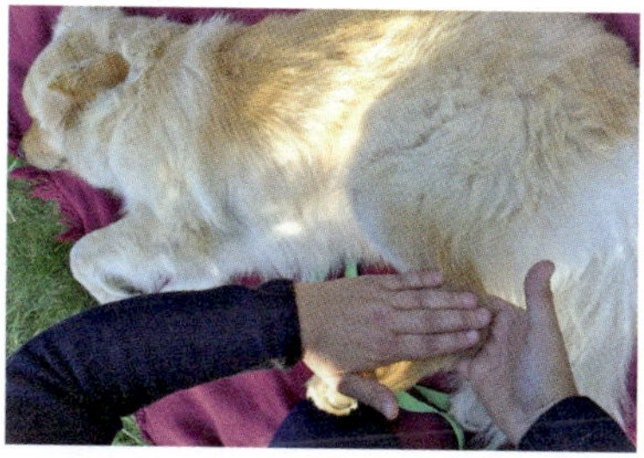

SES 5 und SES 15

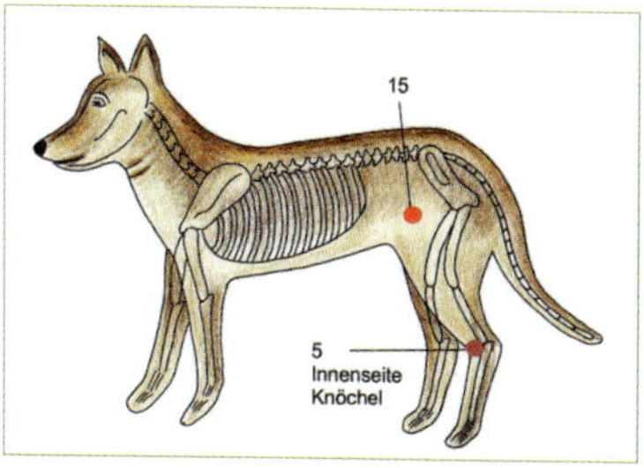

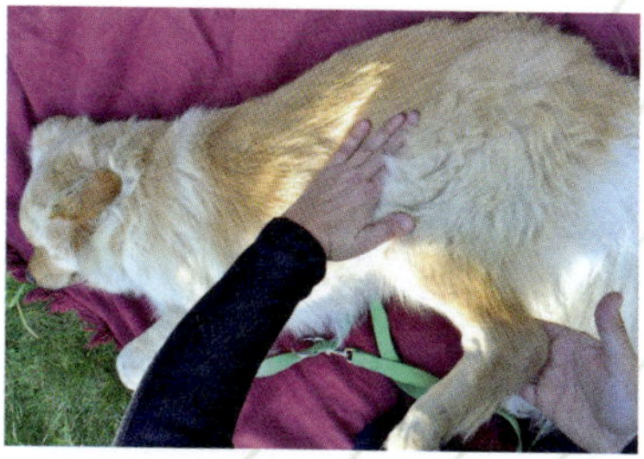

SES 5 und SES 23

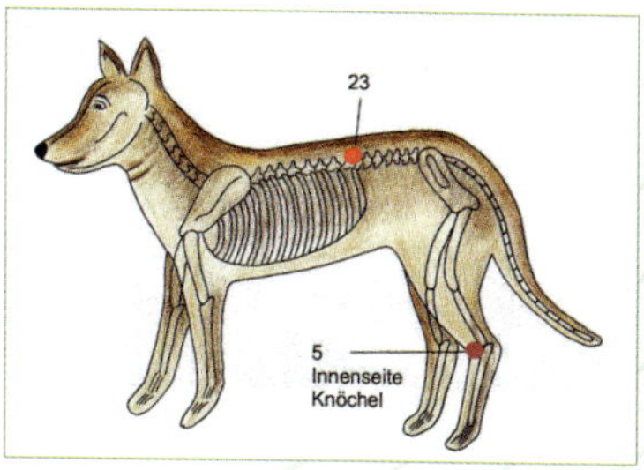

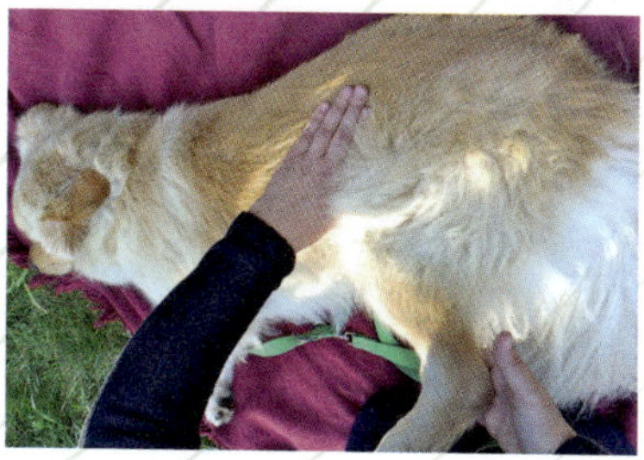

Atemwege

Obere Atemwege

Schnupfen

Legen Sie eine Hand auf das **SES 3**, die andere Hand auf das **SES 11**.

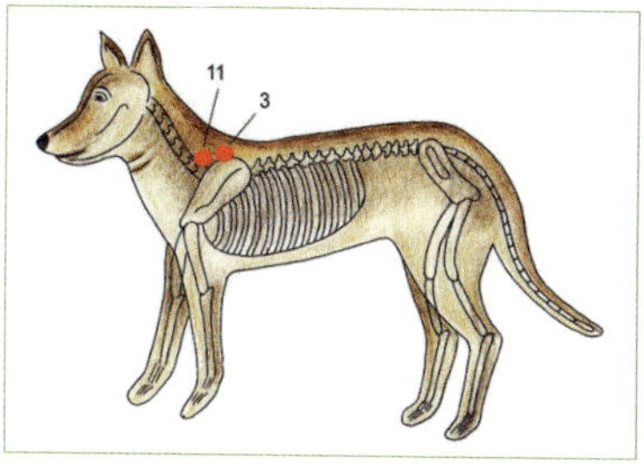

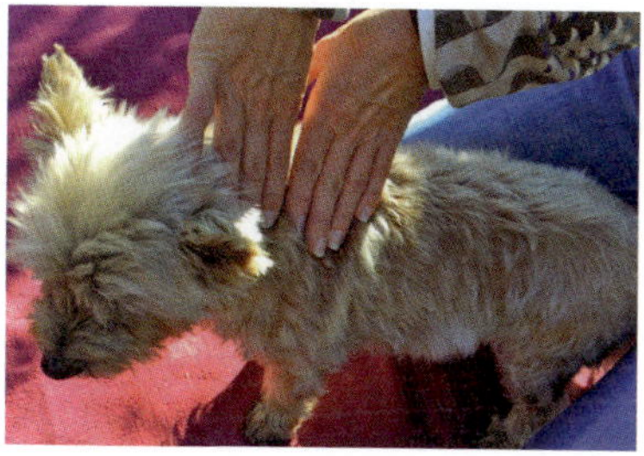

Oder halten Sie **beide SES 21**.

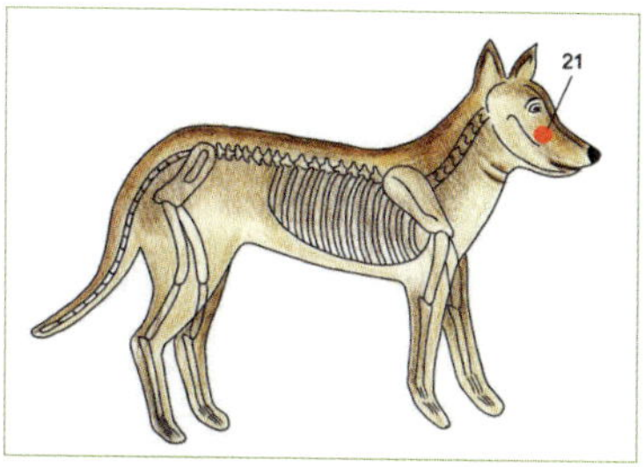

Nebenhöhlenentzündung

Halten Sie das **SES 21** zusammen mit dem **SES 22**.

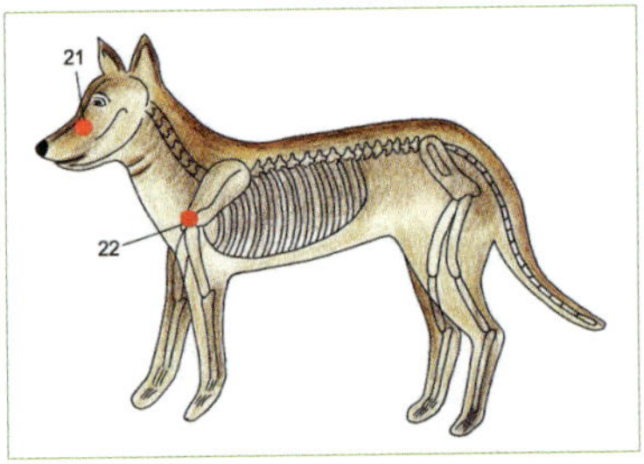

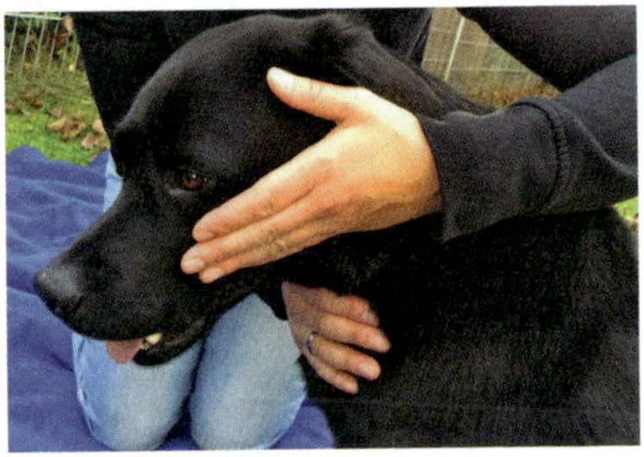

Oder legen Sie eine Hand auf das **SES 11**, und mit der andern Hand halten Sie auf der anderen Körperseite den **zweiten Zeh der Vorderpfote**.

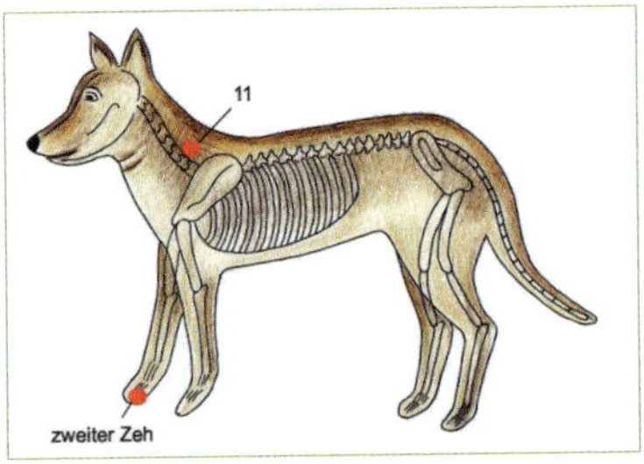

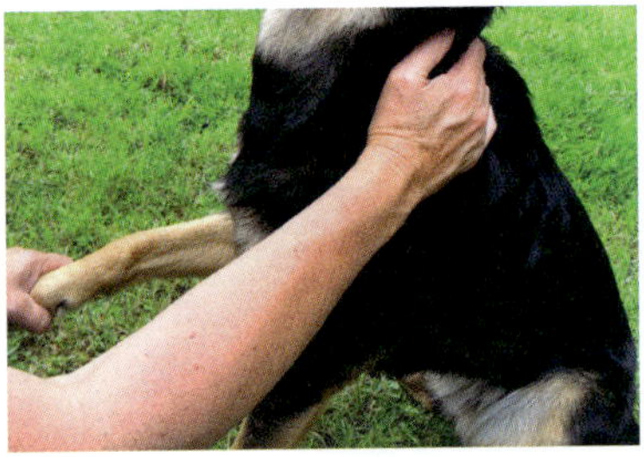

Oder machen Sie den Griff zur **Ersten Zentrierung** (S. 19), halten Sie dazu das **SES 10** zusammen mit dem **SES 13**.

Hals

Halsentzündung

Legen Sie eine Hand auf das **SES 11**, und mit der anderen Hand halten Sie den **zweiten Zeh der Vorderpfote** auf der anderen Körperseite (S. 62). Oder legen Sie eine Hand auf das **SES 11**, die andere Hand auf das **SES 13** auf der anderen Körperseite.

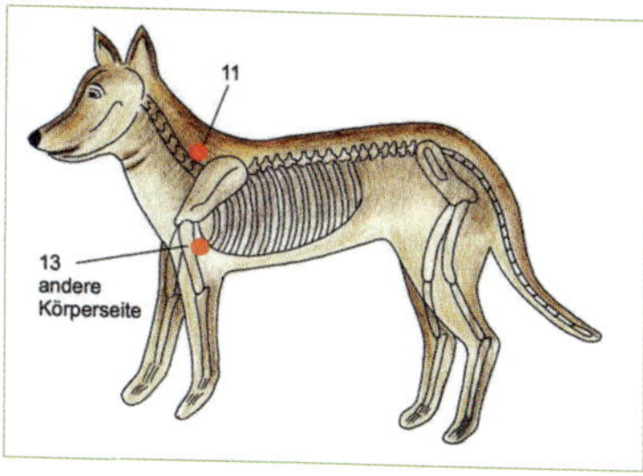

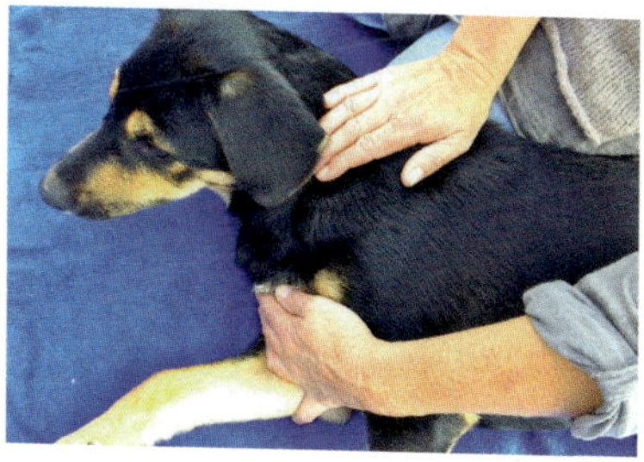

Kehlkopfkatarrh

Siehe »Halsentzündung«.

Oder legen Sie eine Hand auf das **SES 10**, die andere Hand in die Ellenbeuge (**SES 19**).

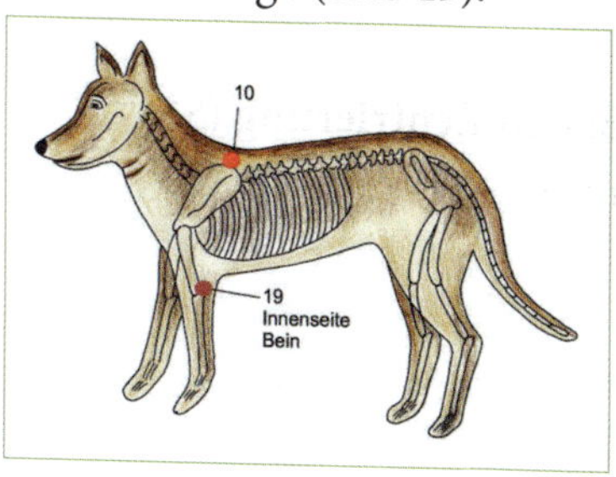

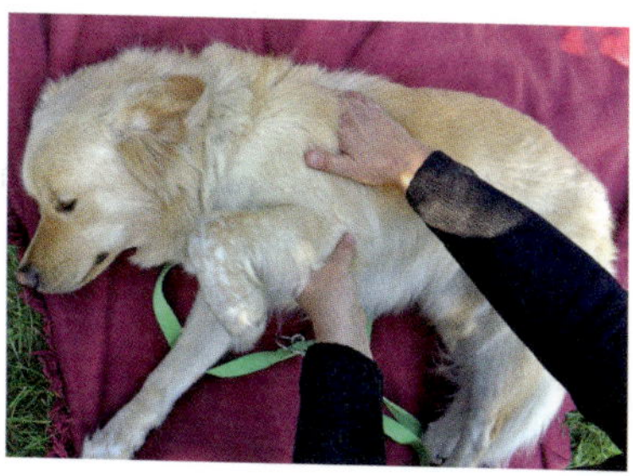

Untere Atemwege

Husten und Bronchitis

Legen Sie eine Hand auf das **SES 10**, die andere Hand auf das **SES 19** (S. 63). Oder strömen Sie das **SES 14** zusammen mit dem **SES 22**.

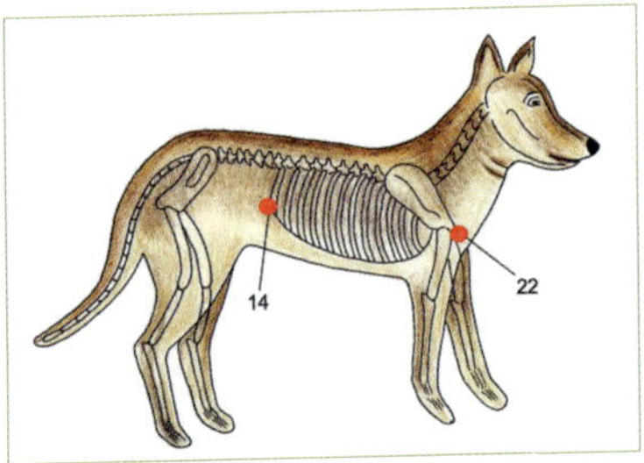

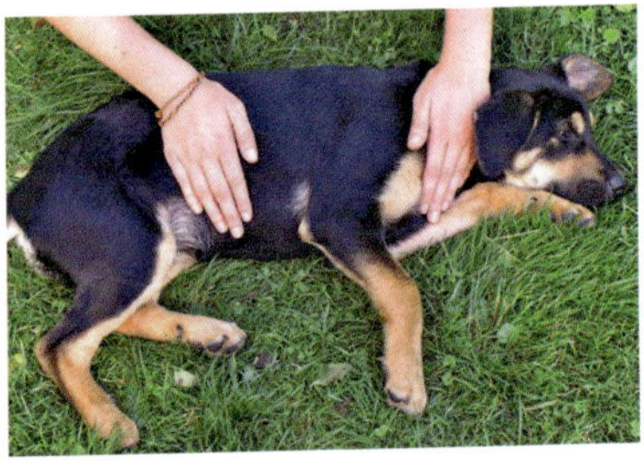

Der Griff der **Ersten Zentrierung** (SES 10 und SES 13) hilft ebenfalls, Husten und Bronchitis zu lindern.

Reizhusten

Um speziell Reizhusten zu lindern, legen Sie die Hände etwas **schräg oberhalb der SES 19** (Innenseite Vorderbeine) auf.

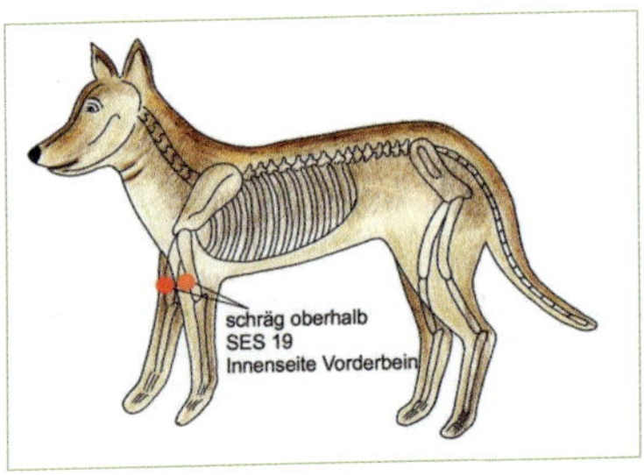

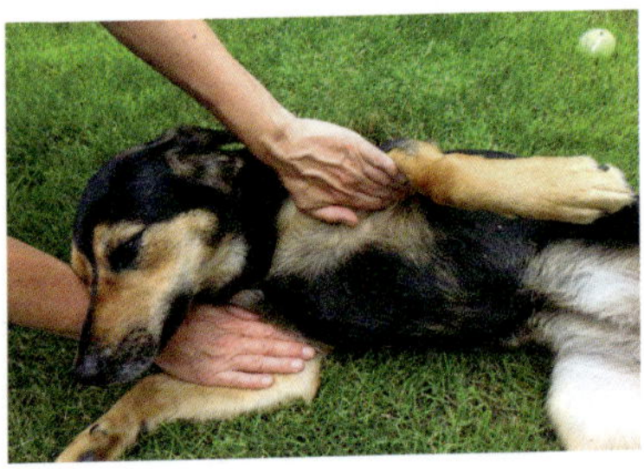

Atemwege

Lungenentzündung

Um die Lunge zu stärken, halten Sie das **SES 14** zusammen mit dem **SES 22** (S. 64). Oder strömen Sie das **SES 3** (das sogenannte Ström-Antibiotikum) zusammen mit dem **SES 15**.

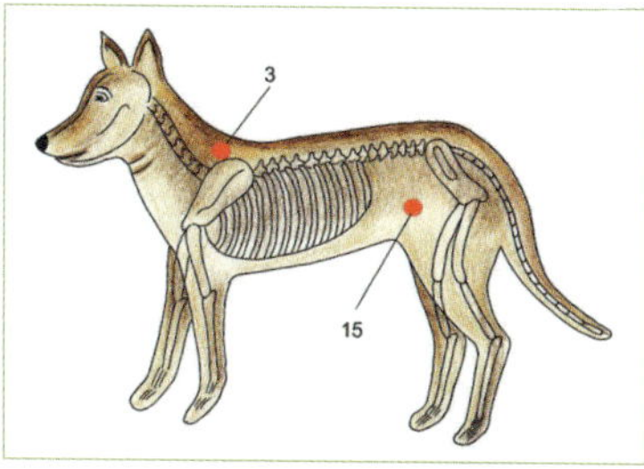

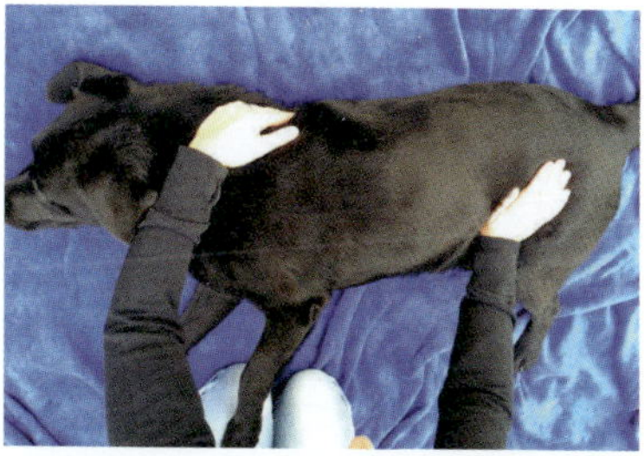

Verdauungsorgane

Magen

Bei allen Themen, die mit dem Magen zu tun haben, eignet sich der **Magenstrom** (S. 35).

Magenschmerzen und Kolik

Um Koliken zu lösen, legen Sie die Hände auf **beide SES 1**, an die Innenseite der Kniegelenke an den Hinterbeinen.

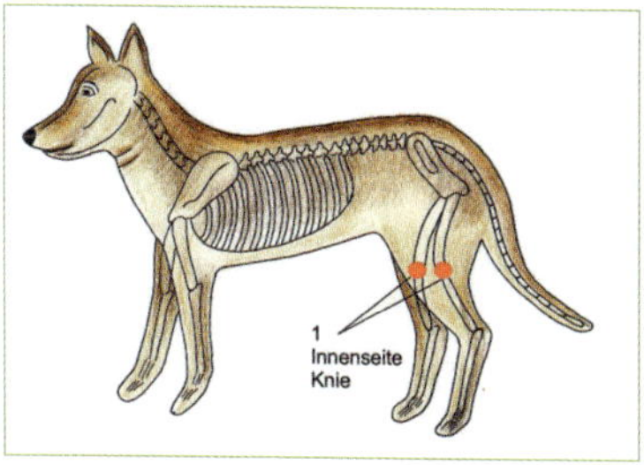

Oder halten Sie das **hohe SES 1** (ca. eine Pfotebreit oberhalb von SES 1) zusammen mit dem **tiefen SES 8** (ca. eine Pfotebreit unterhalb von SES 8).

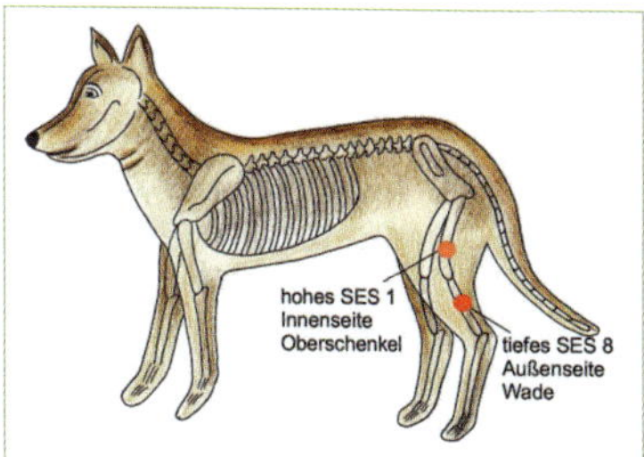

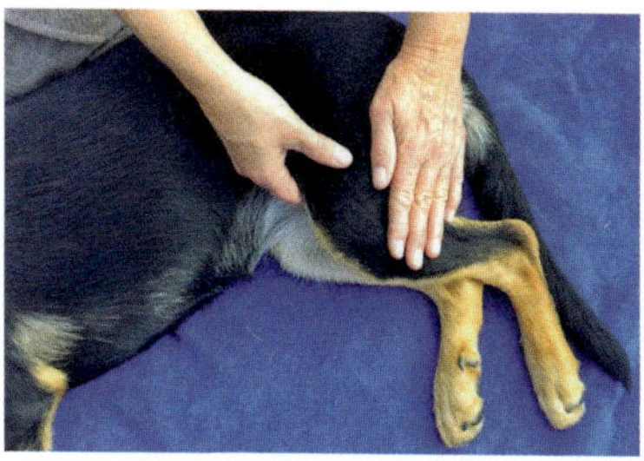

Erbrechen

Halten Sie **beide SES 1**. Oder legen Sie eine Hand auf das **SES 1**, die andere Hand auf das **SES 14**.

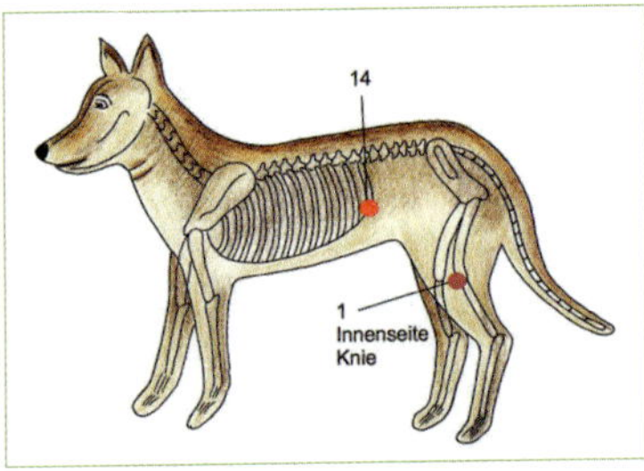

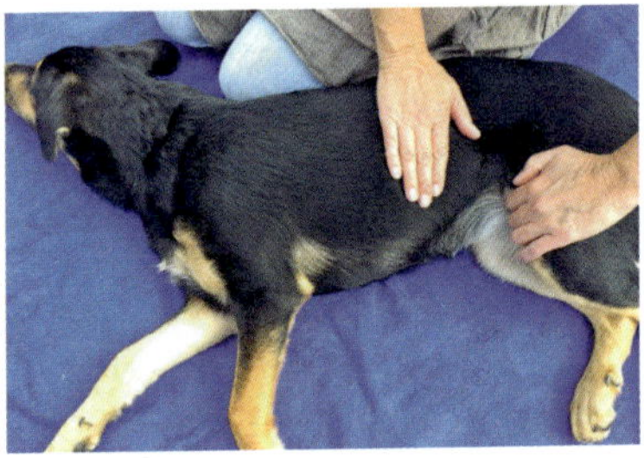

Magendrehung

Bei großen Hunden, besonders bei Doggen, Schäferhunden, Settern und Bernhardinern, kommt die Magendrehung häufiger vor, aber auch andere Hunde sind dagegen nicht gefeit. Ein zu wenig straffes Bindegewebe hat eine Erschlaffung des Aufhängeapparates der inneren Organe zur Folge, in diesem Fall das des Magens, der sich dann, z. B. unter gesteigerter Gasbildung, »drehen« kann. Wenn das passiert ist, hilft nur eine Operation.

Dann können Sie Ihren Hund unterstützen, indem Sie möglichst vorher und nachher **beide SES 15** oder das **SES 15** zusammen mit dem **SES 11** halten.

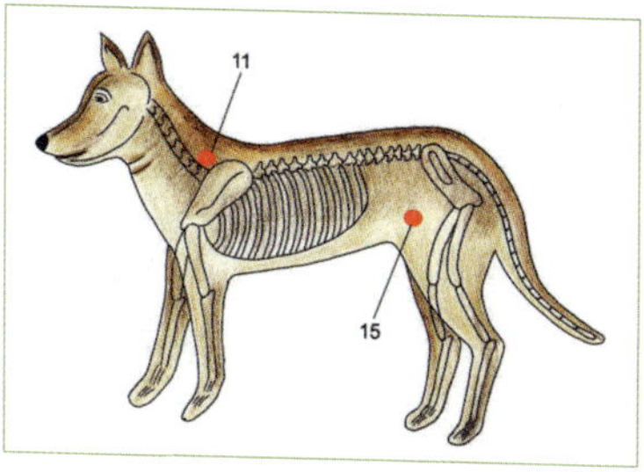

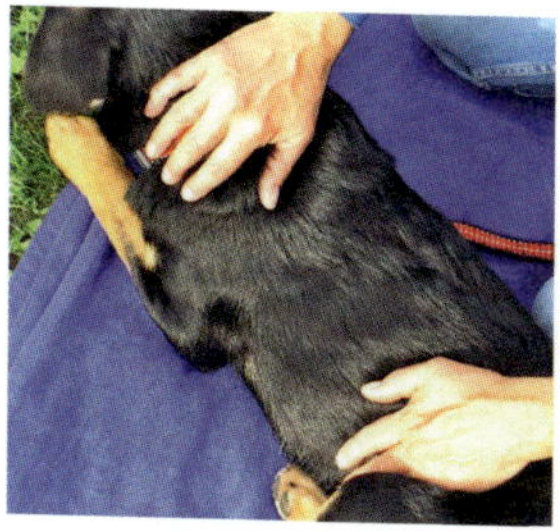

Um einer Magendrehung vorzubeugen oder wenn bereits eine Magendrehung operiert wurde, wenden Sie regelmäßig den **Milzstrom** (S. 32) an. Der Milzstrom hält die Organe an ihrem jeweiligen Platz. Zur Stärkung des Bindegewebes halten Sie regelmäßig das **SES 16** zusammen mit dem **SES 25.**

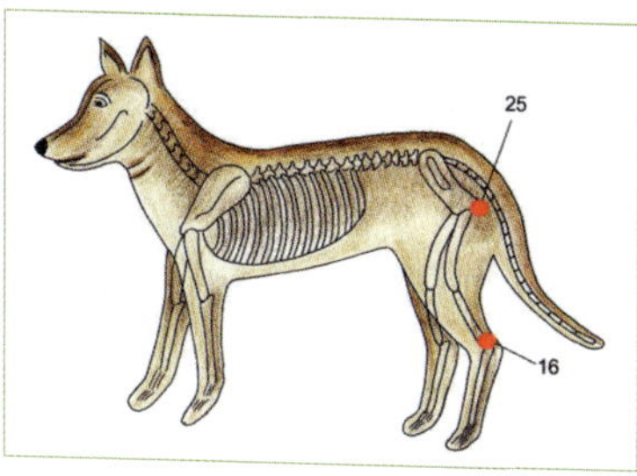

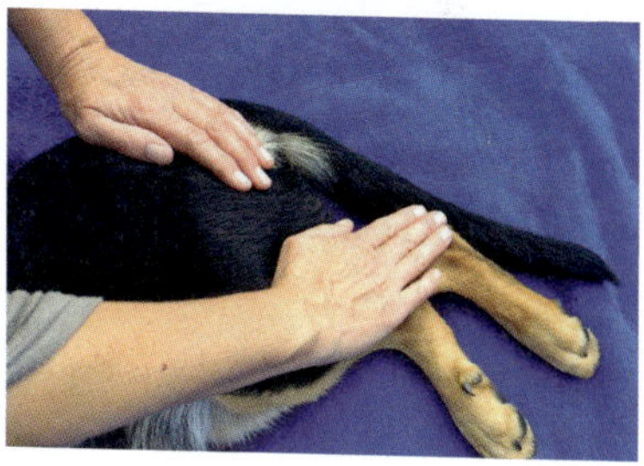

Krankheiten der Bauchspeicheldrüse und Milz

Um die Bauchspeicheldrüse zu stärken, halten Sie **beide SES 14.**

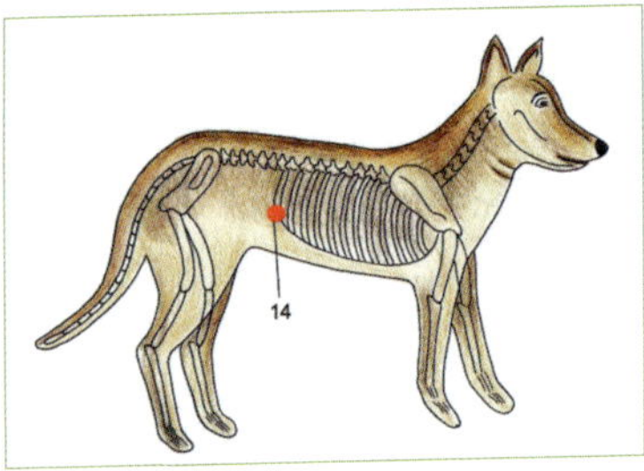

Oder legen Sie eine Hand auf das **SES 14**, die andere Hand auf das **hohe SES 1** (ca. eine Pfotebreit oberhalb des SES 1) der anderen Körperseite.

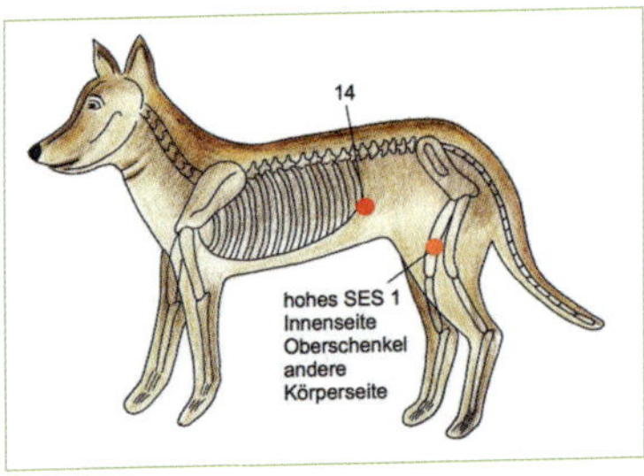

Und zur Stärkung und Unterstützung der Milz wenden Sie den **Milzstrom** (S. 32) an. Der Milzstrom unterstützt ebenfalls die Bauchspeicheldrüse.

Appetitstörungen

Der Milzstrom (S. 32) **harmonisiert das Fressverhalten.** Er hilft bei Appetitlosigkeit, Nahrungsverweigerung, vermehrtem Appetit, Futtergier, beim Fressen von Müll etc. Auch der **Magenstrom** (S. 35) bringt den Appetit und das Gewicht in Balance.

Abmagerung

Auch hier eignen sich der **Magenstrom** (S. 35) und der **Milzstrom** (S. 32). Denken Sie daran, dass die Ursache der Abmagerung auch Darmparasiten (Gewichtsabnahme bei normalem Appetit und Essverhalten, S. 73) oder Schilddrüsenerkrankungen sein können.

Darm

Verstopfung

Die Ursache von Verstopfung ist oft Bewegungsmangel oder eine einseitige Fütterung, wenn nicht schwerwiegende Erkrankungen vorliegen. Achten Sie auch darauf, dass Ihr Hund immer Zugang zu Trinkwasser hat. Um eine Verstopfung zu lösen, halten Sie **beide SES 1** (S. 67). Oder legen Sie eine Hand an den **zweiten Zeh der Vorderpfote** und die andere Hand auf das **SES 11** auf der anderen Körperseite.

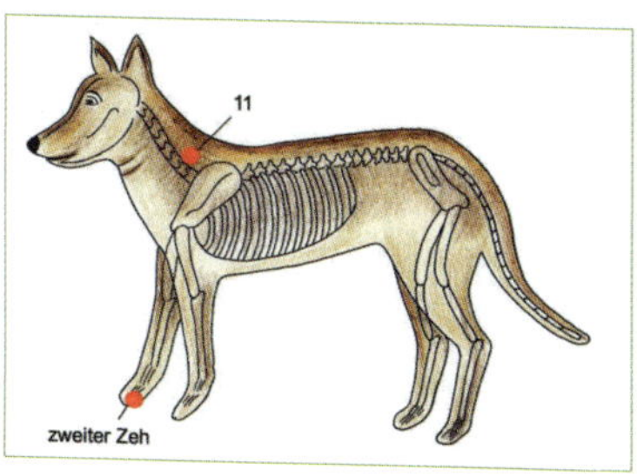

Durchfall

Durchfall kann verschiedene Ursachen haben. Wenn er sich trotz Strömen nicht innerhalb eines Tages verbessert und/oder das Allgemeinbefinden des Hundes beeinträchtigt ist, lassen Sie es tierärztlich abklären.
Halten Sie **beide SES 8**, oder legen Sie eine Hand auf das **rechte SES 8** und die andere Hand auf das **rechte hohe SES 1** (ca. eine Pfotebreit oberhalb von SES 1).

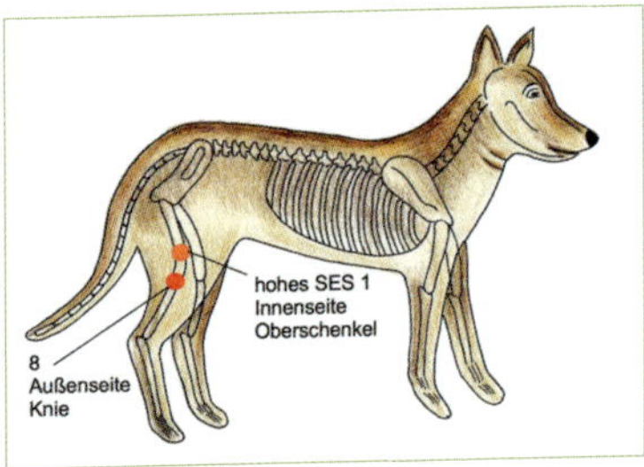

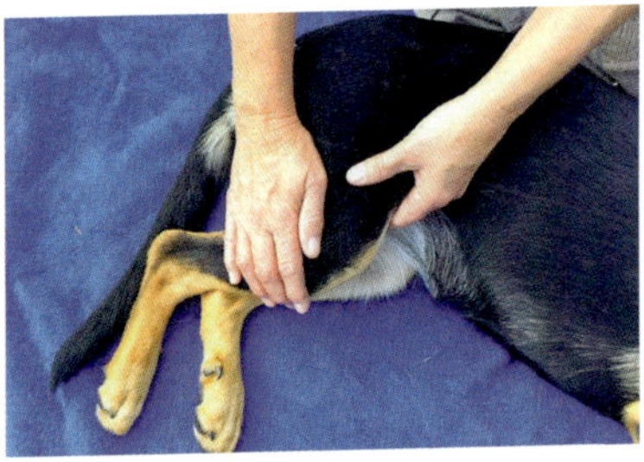

Darmkoliken

Zur Beruhigung des Darmes können Sie eine Hand auf das **SES 1** und die andere Hand auf das **hohe SES 19** der anderen Körperseite legen.

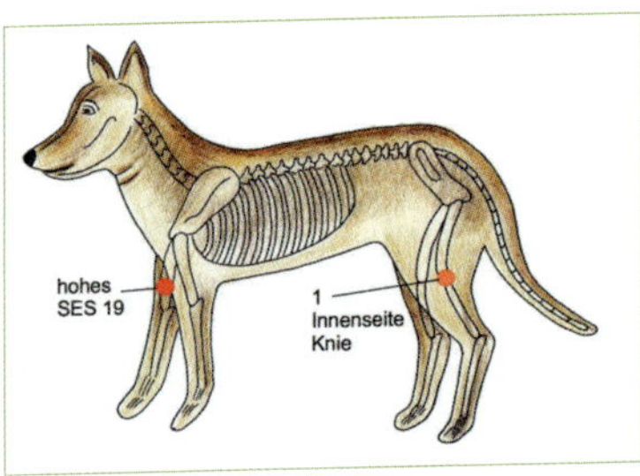

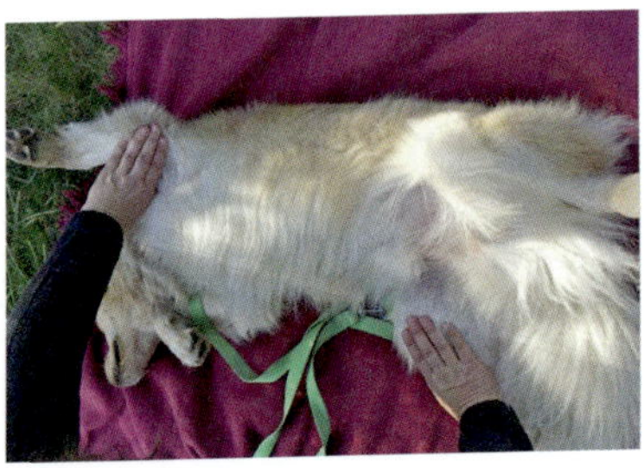

Darmparasiten

Wenn Ihr Hund immer wieder Probleme mit Parasiten hat, halten Sie regelmäßig **beide SES 19**.

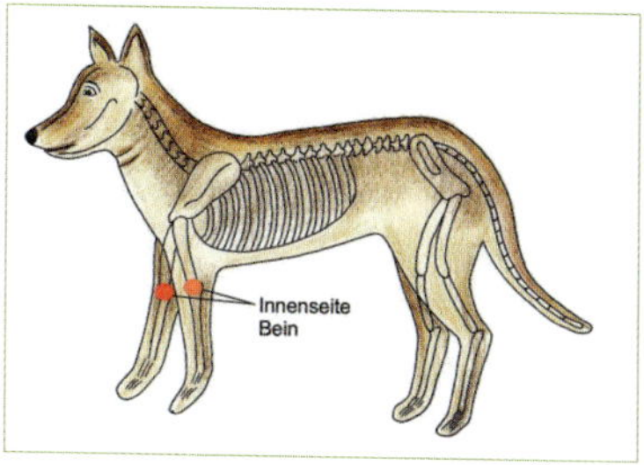

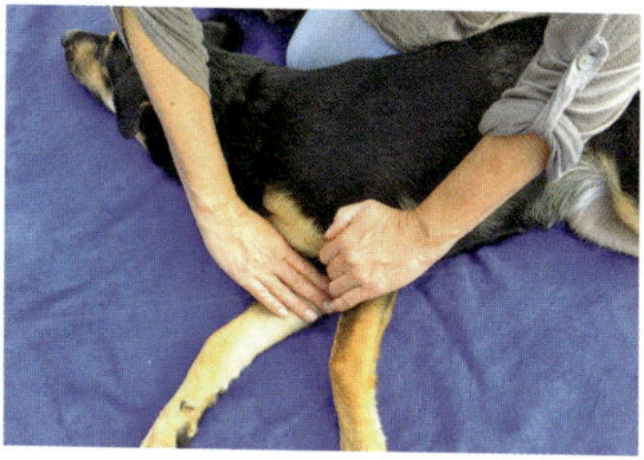

Oder halten Sie das **SES 3** zusammen mit dem **SES 19** erst auf der einen, dann auf der anderen Körperseite.

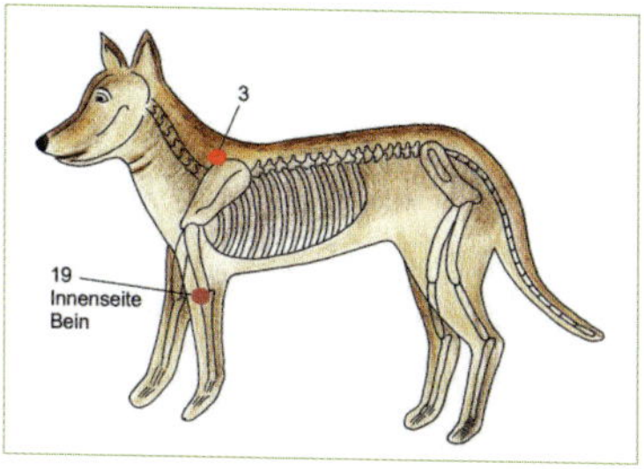

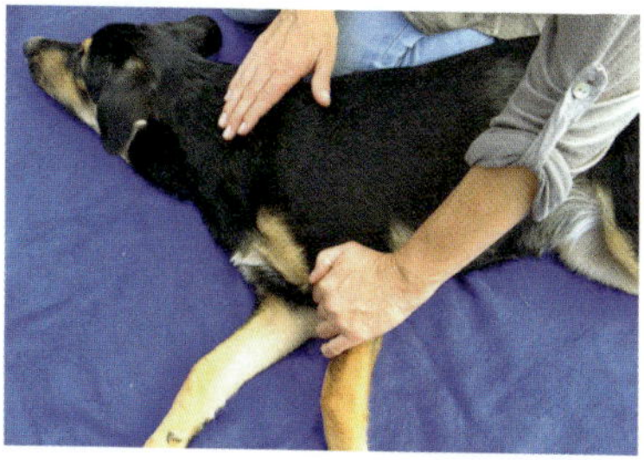

Verstopfte Analdrüsen

Legen Sie eine Hand in die Mitte des Nackens auf **beide SES 12** und die andere Hand auf das **Steißbein**.

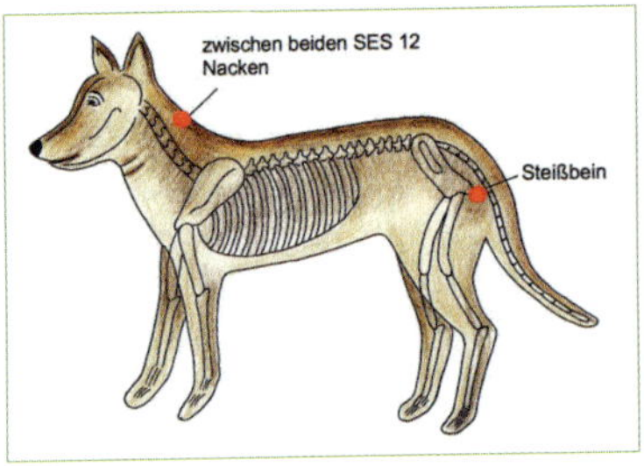

Hämorrhoiden und Afterfissuren

Legen Sie eine Hand an die Analregion und die andere Hand auf das **SES 8**. Oder strömen Sie das **SES 14** zusammen mit dem **SES 15**.

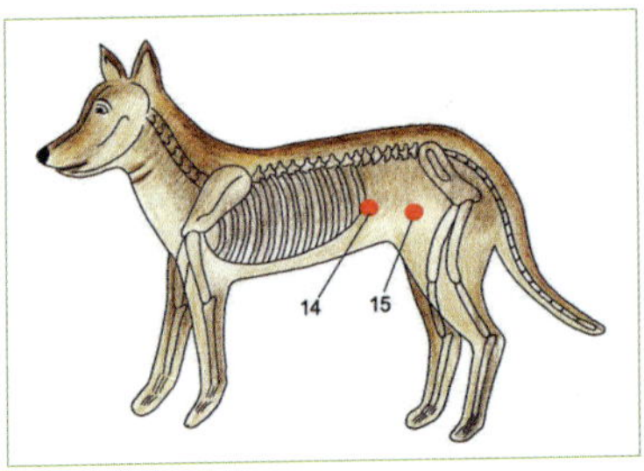

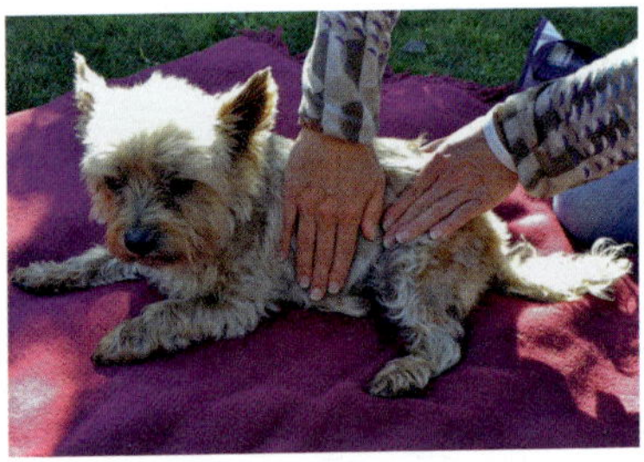

Leber

Um die Leber zu stärken, legen Sie eine Hand auf das **linke SES 4**, die andere Hand auf das **linke SES 22**.

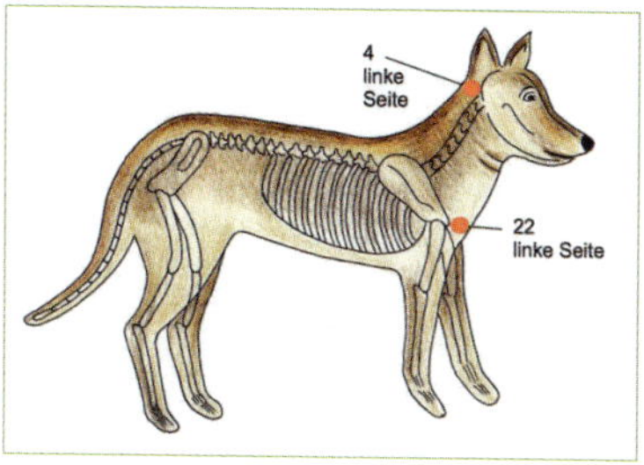

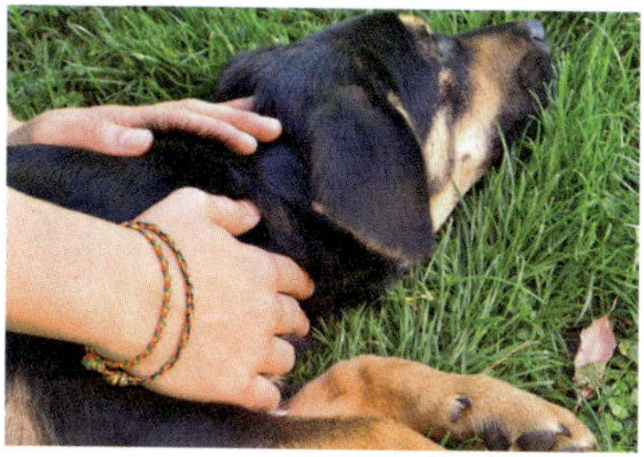

Zum Entgiften legen Sie eine Hand auf das **SES 12**, die andere Hand auf das **SES 14**.

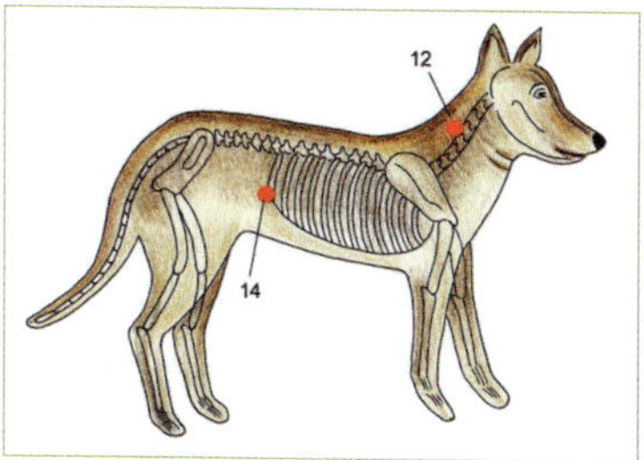

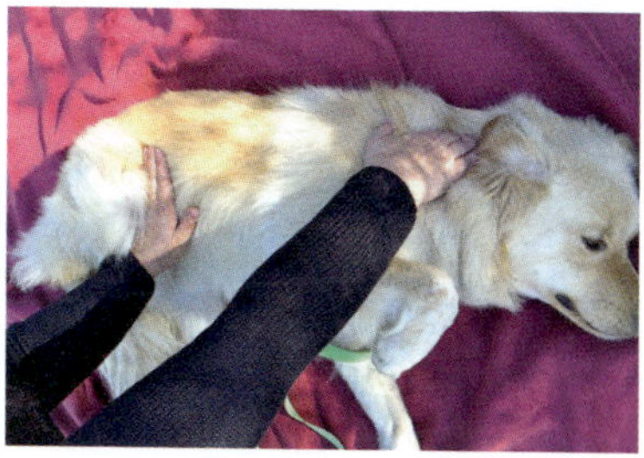

Oder strömen Sie das **SES 23** zusammen mit dem **SES 25**.

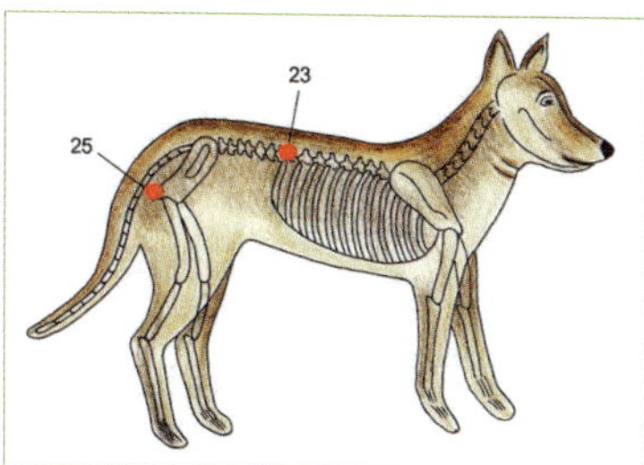

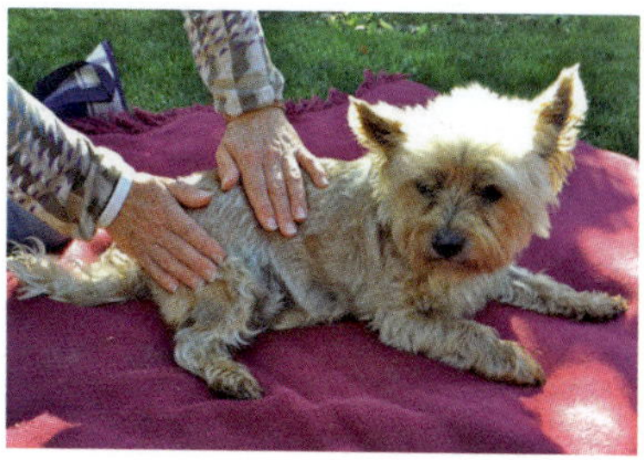

Bewegungsapparat

Rücken und Wirbelsäule

Bei dem sogenannten ***Ström-Chiropraktiker*** handelt es sich um folgenden Griffe: Legen Sie eine Hand auf das **SES 2** und die andere Hand auf das **SES 6**. Machen Sie das erst auf der einen und dann auf der anderen Körperseite.

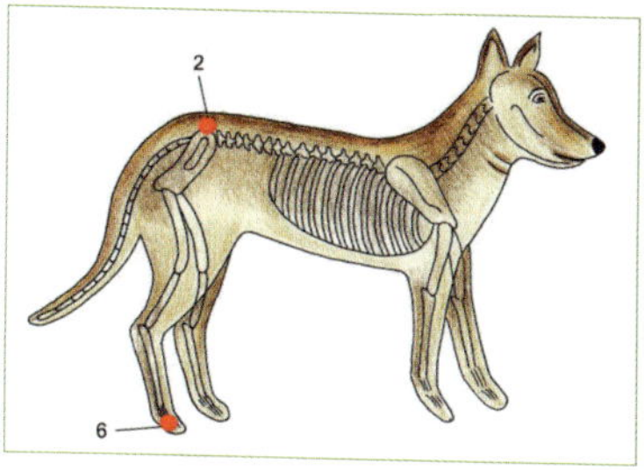

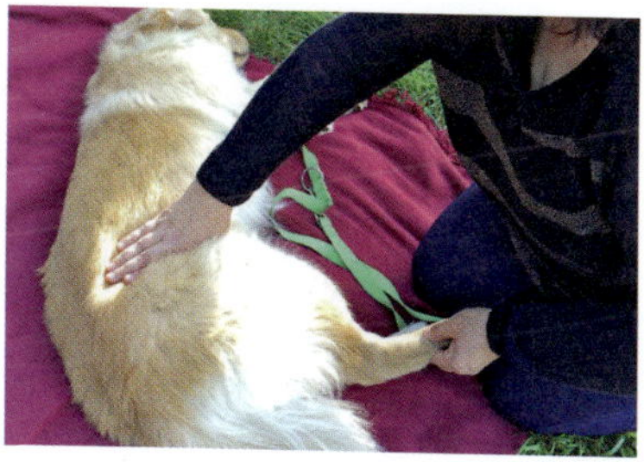

Ein wichtiger Strom bei allen Rückenbeschwerden ist der **Blasenstrom** (S. 41). Auch der **Pfotenstrom** (S. 21) harmonisiert Rücken und Bandscheiben.

Muskeln

Folgende Griffe unterstützen die Muskulatur und helfen bei Muskelkater, Überanstrengung, Zittern, zu hohem oder zu niedrigem Muskeltonus, Zerrungen, Muskelschmerzen etc.: Legen Sie eine Hand auf das **SES 8**, mit der anderen Hand halten Sie das **SES 5** zusammen mit dem **SES 16**.

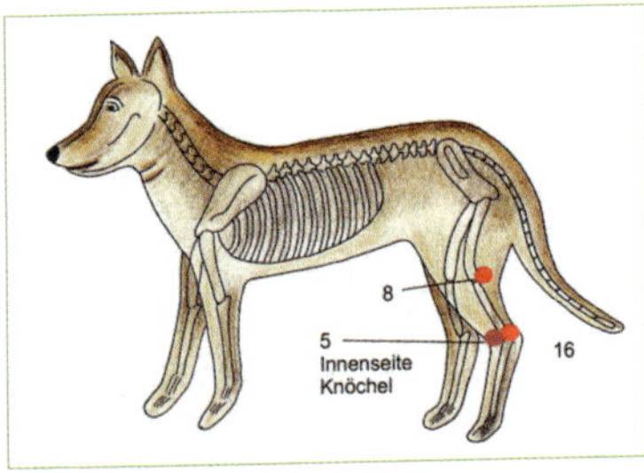

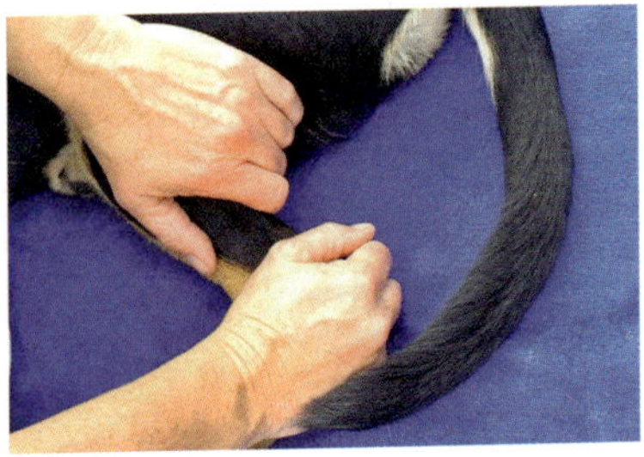

Oder halten Sie erst das **SES 8** und das **SES 5** und anschließend das **SES 8** und das **SES 16**. Zur Stärkung von schwachen Muskeln halten Sie das **linke SES 12** zusammen mit dem **rechten SES 20**. Und umgekehrt für die andere Körperseite.

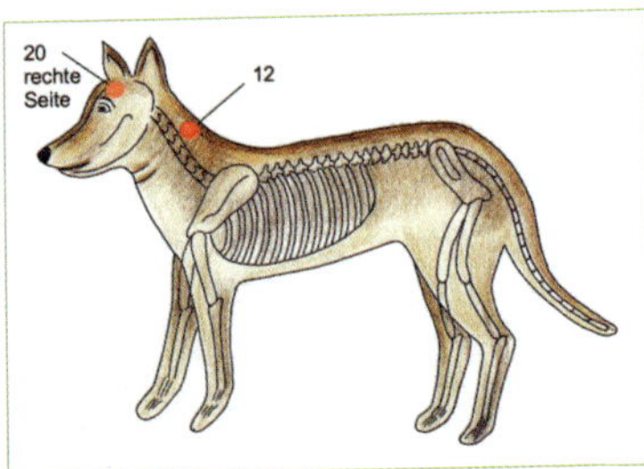

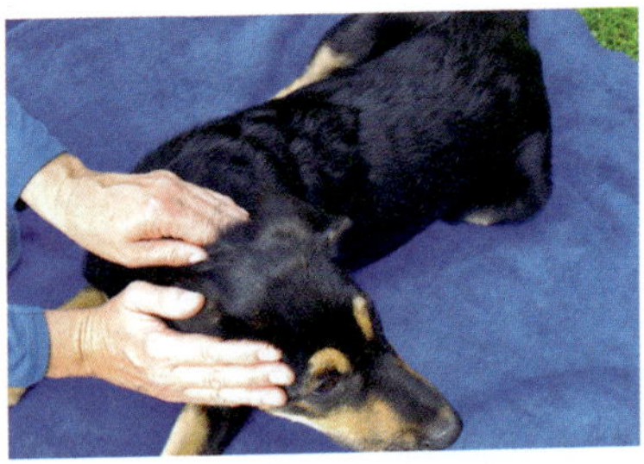

Bänder, Sehnen und Gelenke

Verstauchung und Zerrung

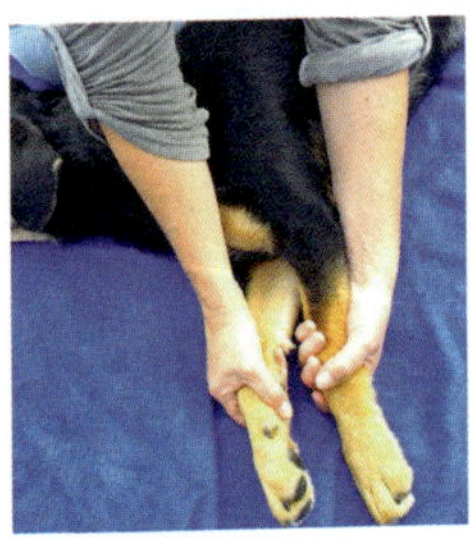

Bei einer Verstauchung der Hinterpfote halten Sie die **Vorderbeine am ersten Gelenk.** Bei einer Verstauchung der Vorderpfoten halten Sie das **betroffene Gelenk** selbst. Oder Sie legen eine Hand an die **betroffene Stelle**, die andere Hand auf das **SES 15** auf derselben Körperseite.

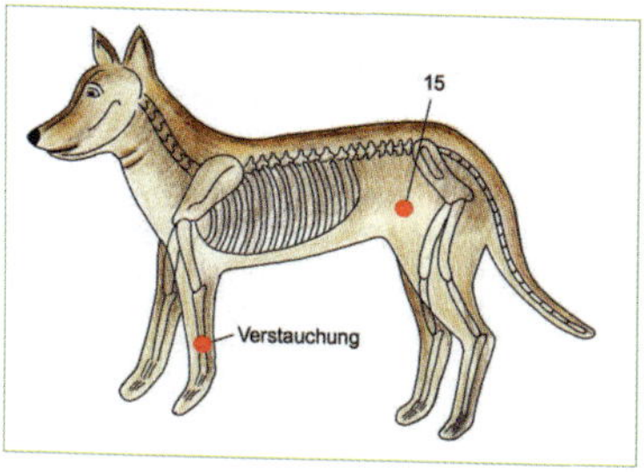

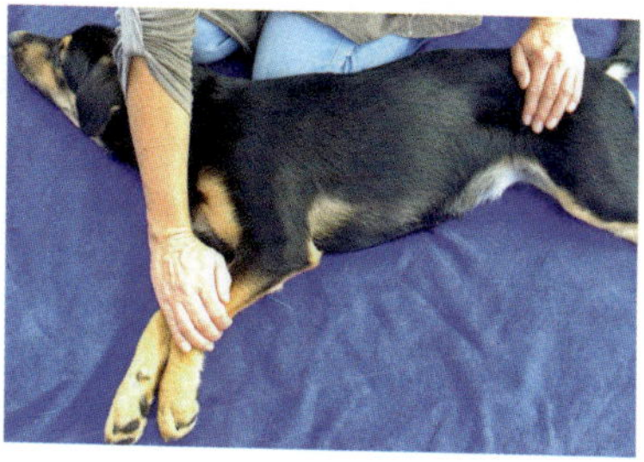

Stärkung

Zur Stärkung von Bändern und Sehnen halten Sie das **SES 12** zusammen mit dem **SES 20** auf der anderen Körperseite (S. 78). Oder legen Sie eine Hand auf das **SES 4**, die andere Hand auf das **SES 22** auf derselben Körperseite.

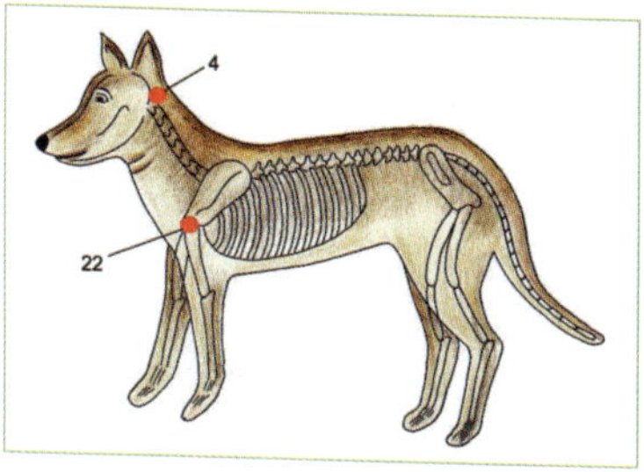

Gelenkentzündung

Machen Sie regelmäßig den **Entgiftungsgriff** (S. 75). Um die Schmerzen zu lindern und die Entzündung zu heilen, halten Sie mit der einen Hand das **SES 5** und das **SES 16** und mit der anderen Hand das **SES 3**.

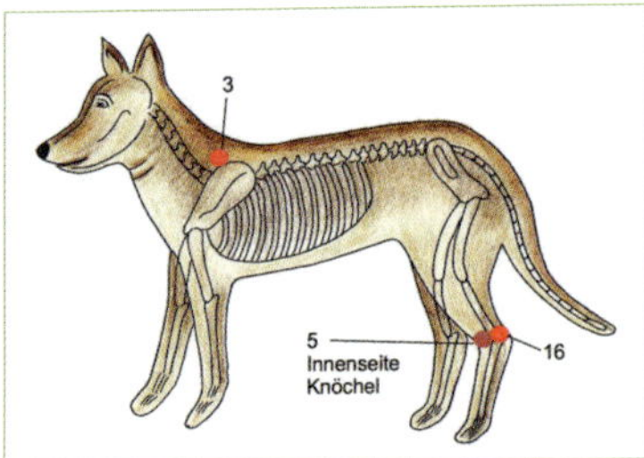

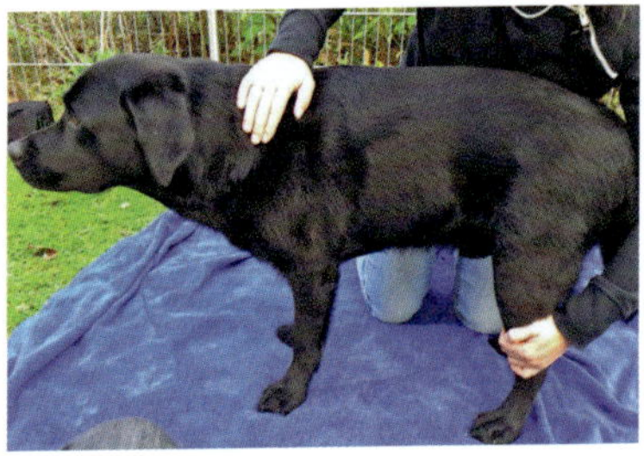

Gelenkabnutzung

Strömen Sie das **SES 13** und das **SES 17**.

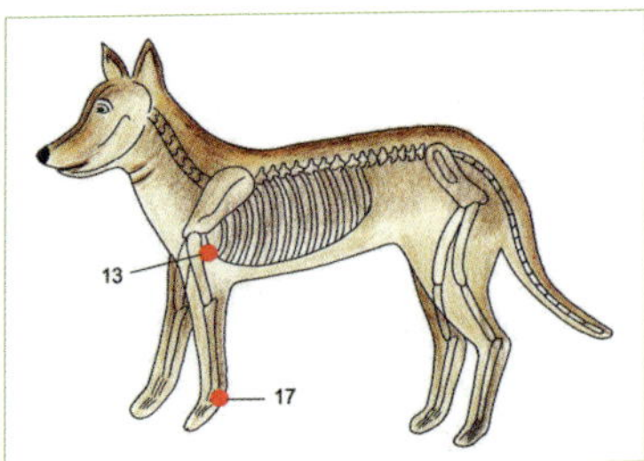

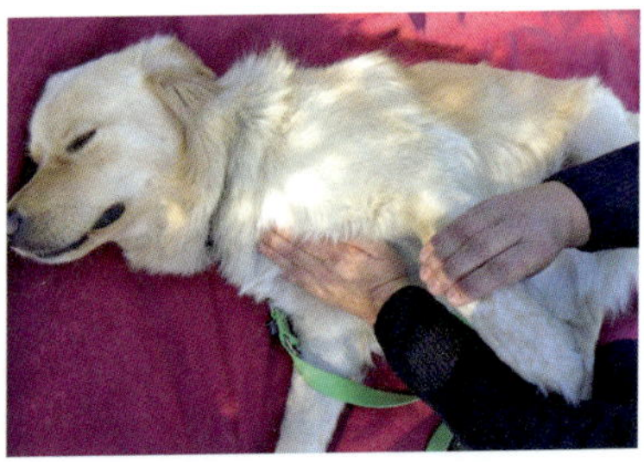

Das Strömen des **SES 1** bringt Bewegung und Beweglichkeit. Sie können es gut zusammen mit der dem **hohen SES 19** (ca. eine Pfotebreit oberhalb SES 19) auf der anderen Körperseite halten.

Bewegungsapparat

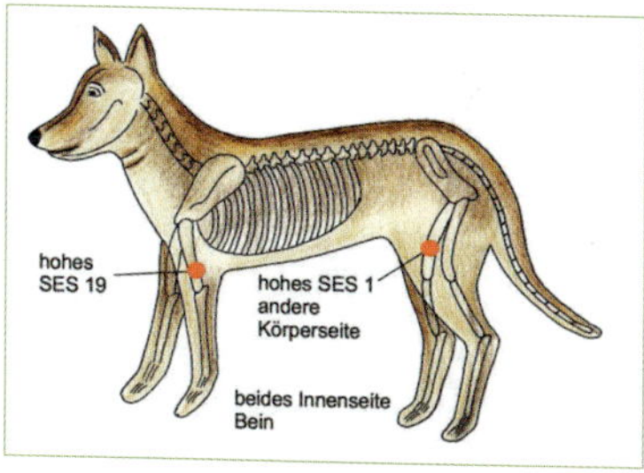

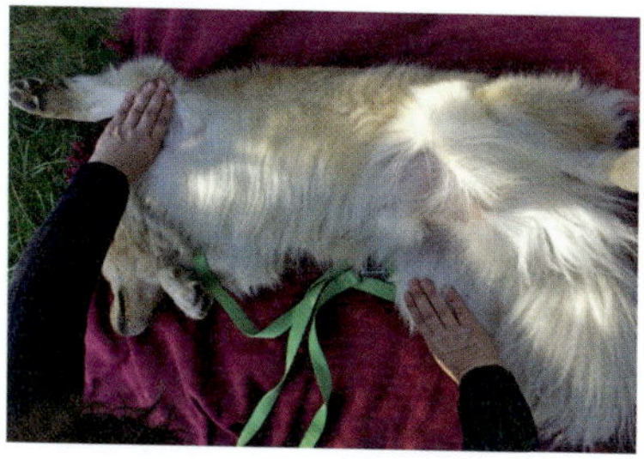

Hüftgelenkarthrose

Für die linke Hüfte legen Sie die linke Hand auf das **linke SES 12** und die rechte Hand auf das **rechte SES 20** (S. 79). Und umgekehrt für die rechte Körperseite.

Knochen

Knochenbrüche

Zur Heilungsunterstützung bei Knochenbrüchen halten Sie das **SES 15**: Legen Sie beide Hände in die Leistenbeugen. Sie können das **SES 15** auch zusammen mit dem **SES 3** strömen.

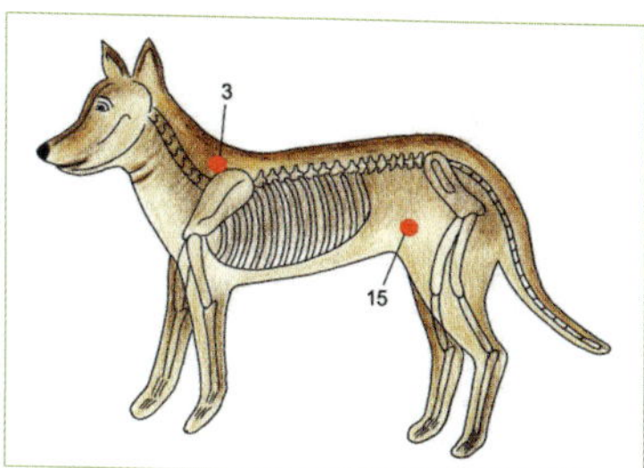

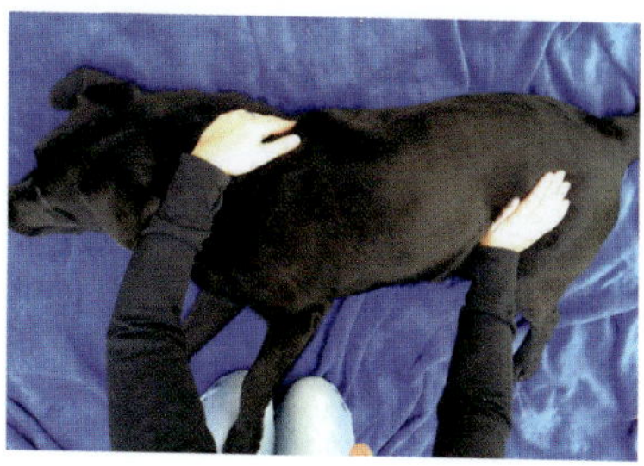

Stärkung der Knochen

Um die Knochen zu stärken, halten Sie das **SES 11** zusammen mit dem **SES 13** der anderen Körperseite.

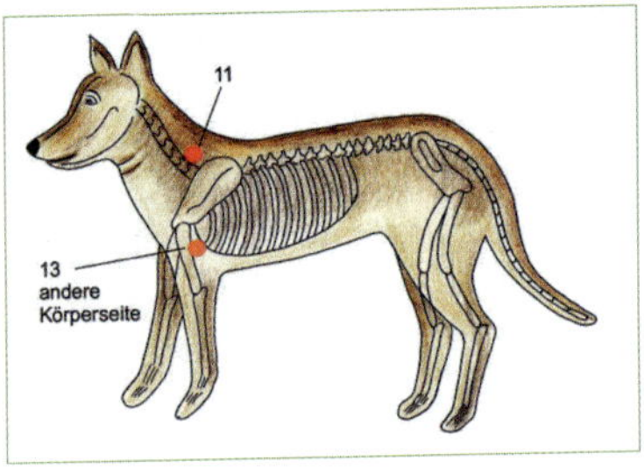

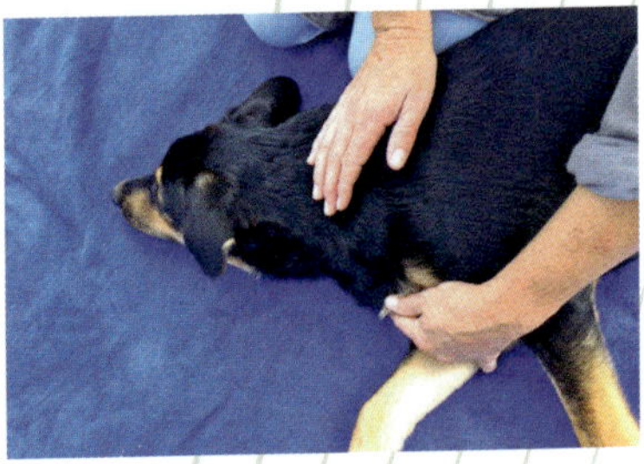

Oder legen Sie eine Hand auf das **Schambein** und die andere Hand nacheinander an die **beiden kleinen Zehen der Hinterfüße**.

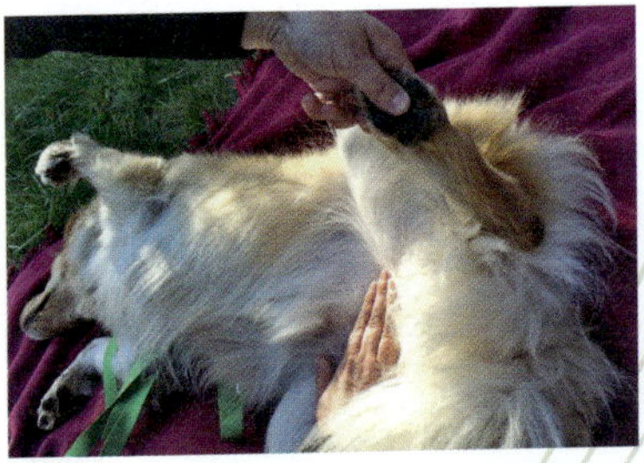

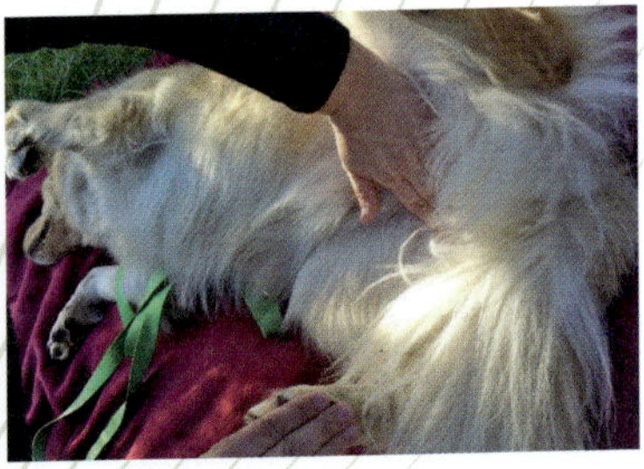

Wachstumsstörungen und Knochenverformungen

Halten Sie **beide SES 18**.

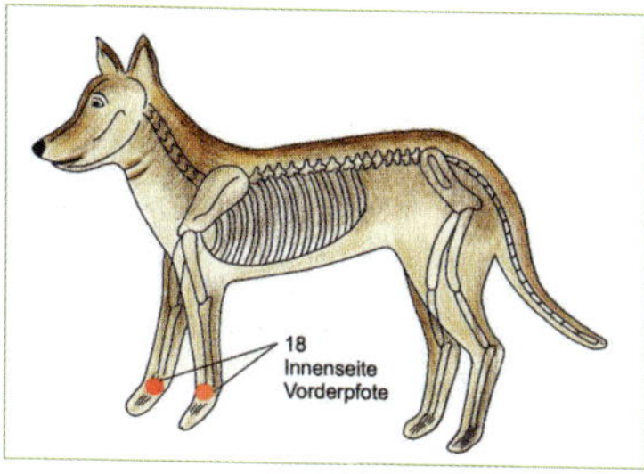

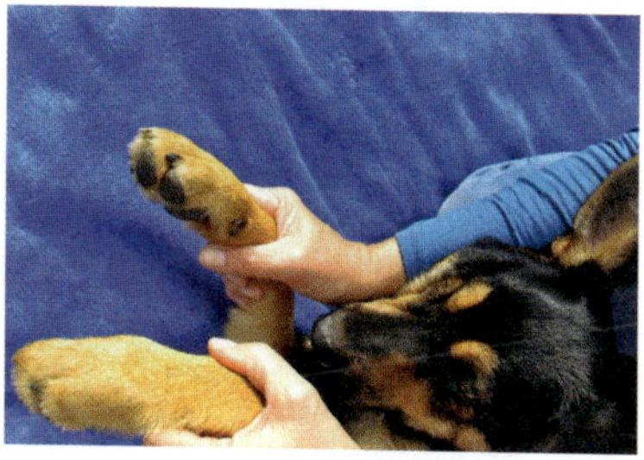

Oder strömen Sie das **SES 25** zusammen mit dem **SES 3**.

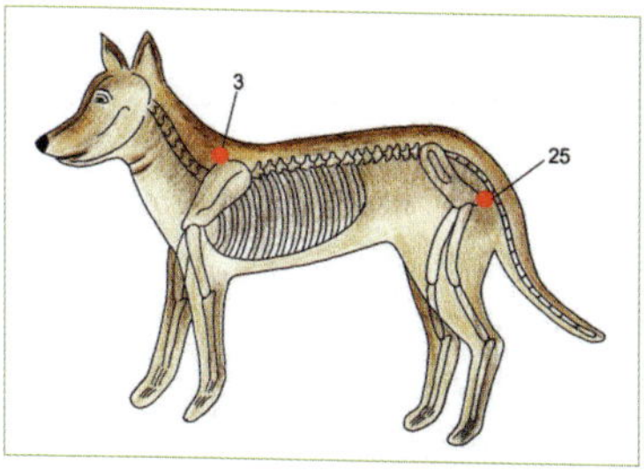

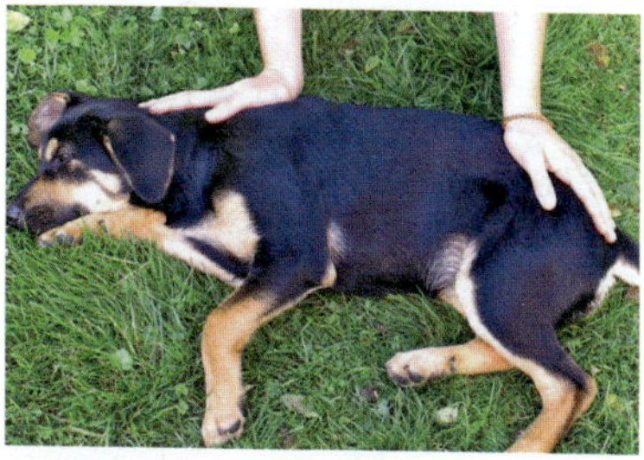

Harnsystem

Blase

Bei allen Blasenproblemen (z. B. Entzündung, Lähmung) harmonisieren Sie den **Blasenstrom** (S. 41). Oder machen Sie folgende Kurzgriffe: Legen Sie eine Hand zwischen **beide SES 12**, in die Mitte der Halswirbelsäule, und die andere Hand auf das **Steißbein**.

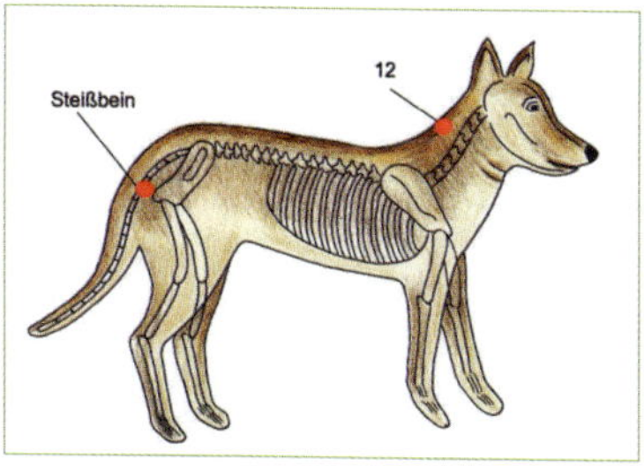

Oder strömen Sie das **SES 4** zusammen mit dem **SES 13**.

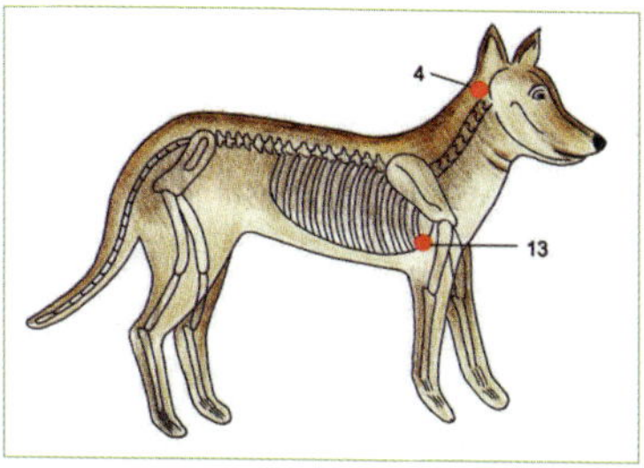

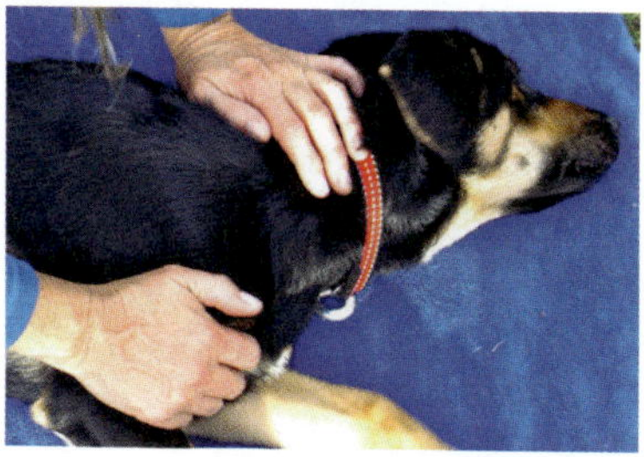

Niere

Nierenentzündung

Halten Sie zuerst das **SES 3** und das **SES 15**.

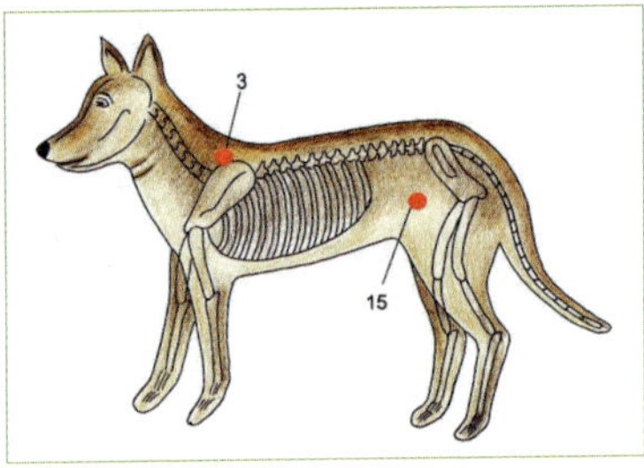

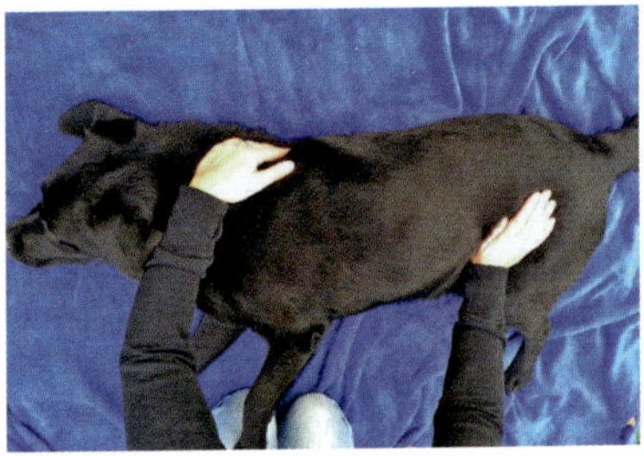

Dann legen Sie eine Hand auf das **Schambein**, die andere Hand nacheinander an **beide kleinen Zehen der Hinterpfote**.

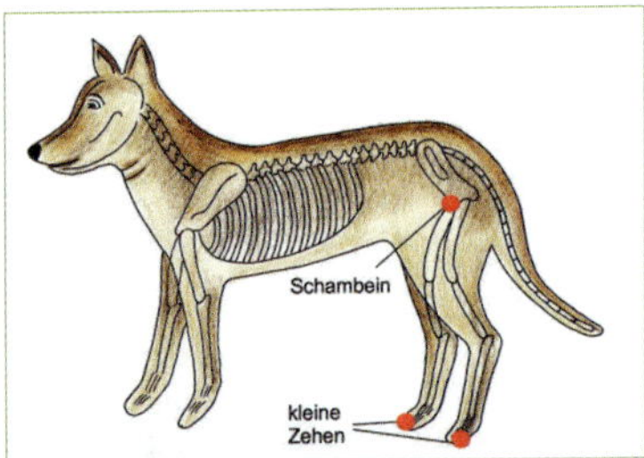

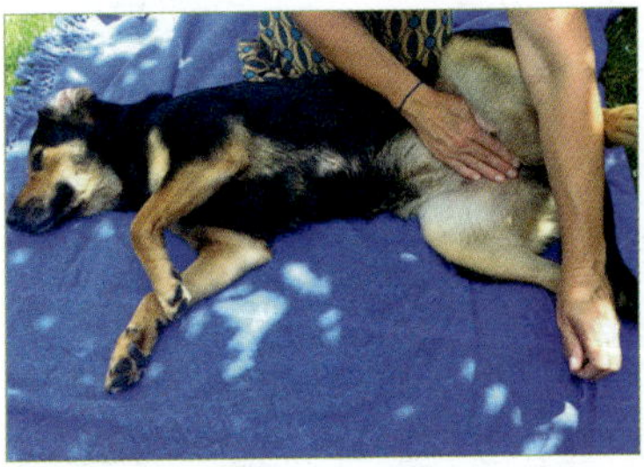

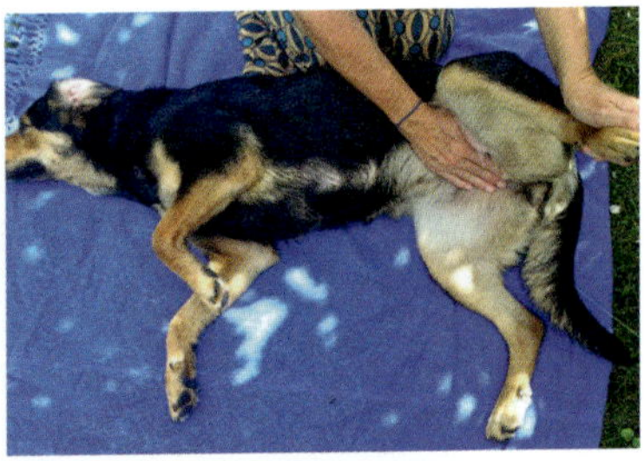

Falls Ihr Hund nicht am Schambein berührt werden möchte, legen Sie eine Hand in den Nacken zwischen **beide SES 4** und die andere Hand auf das **Steißbein**.

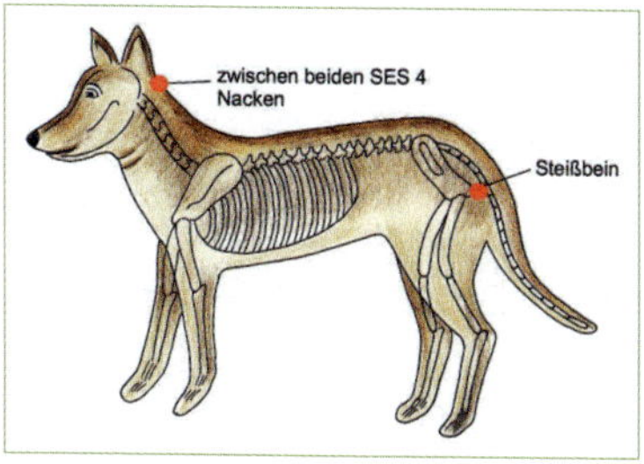

Nieren- und Blasensteine

Halten Sie mit der einen Hand das **SES 5** und das **SES 16**, mit der anderen Hand das **SES 23**. Machen Sie die Griffe erst auf der einen und dann auf der anderen Körperseite.

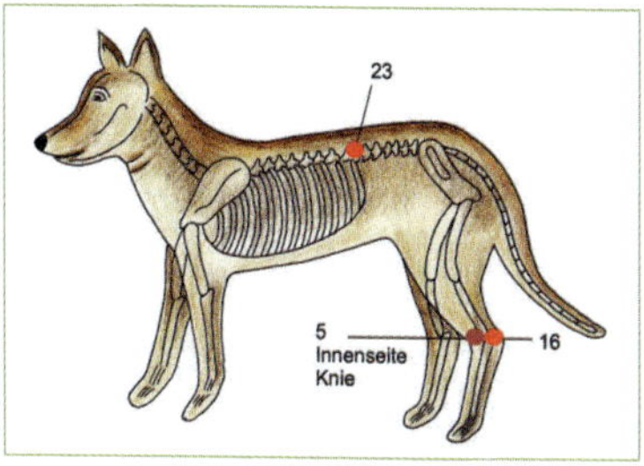

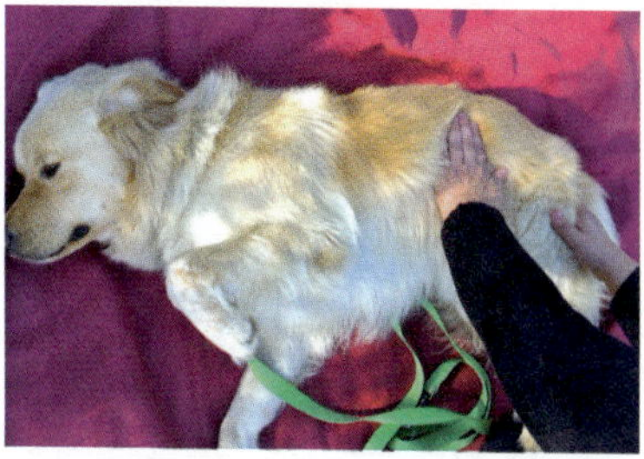

Oder strömen Sie das **SES 23** zusammen mit dem **SES 14**.

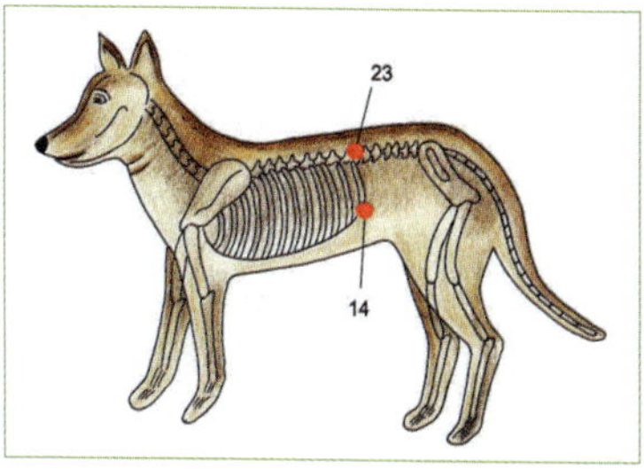

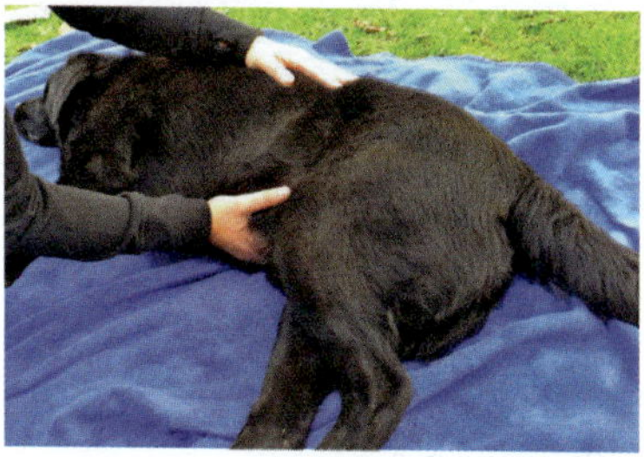

Geschlechtsorgane

Männliche Geschlechtsorgane

Hodenentzündung

Halten Sie mit einer Hand das **SES 5** zusammen mit dem **SES 16**, und legen Sie die andere Hand auf das **SES 3**.

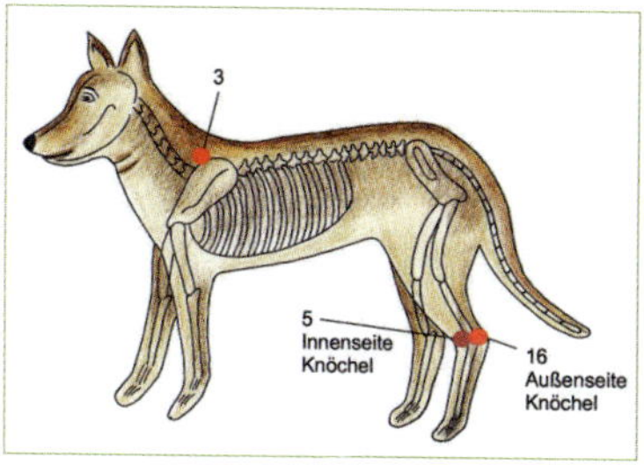

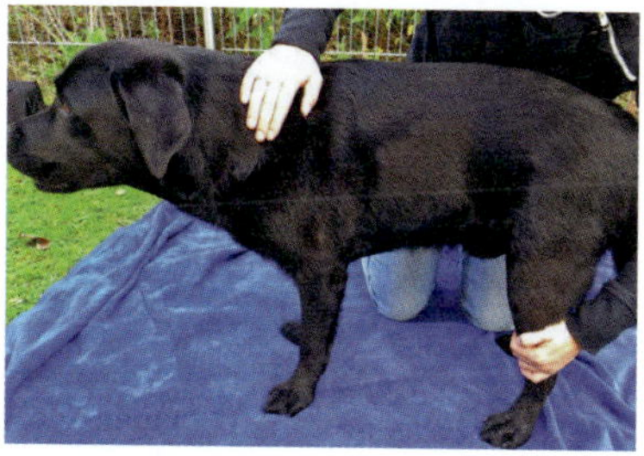

Prostata

Stärken Sie den **Milzstrom** (S. 32). Legen Sie eine Hand zwischen **beide SES 13**, auf das Brustbein, und die andere Hand auf das **Steißbein**.

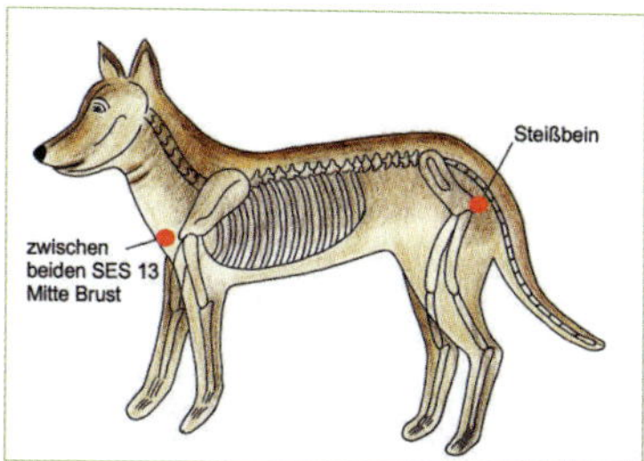

Übermäßiger Geschlechtstrieb

Strömen Sie das **SES 19** zusammen mit dem **SES 14** der anderen Körperseite.

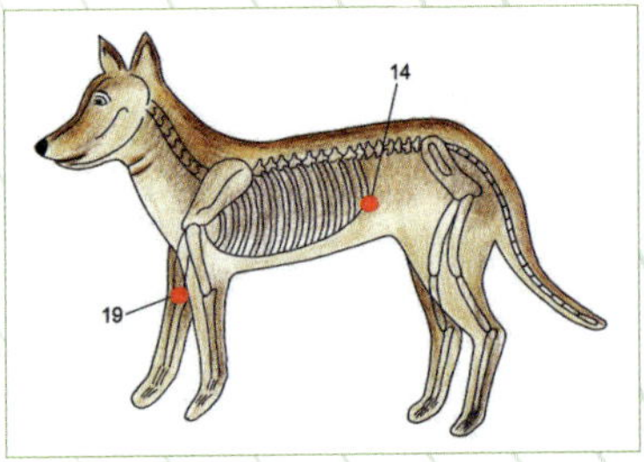

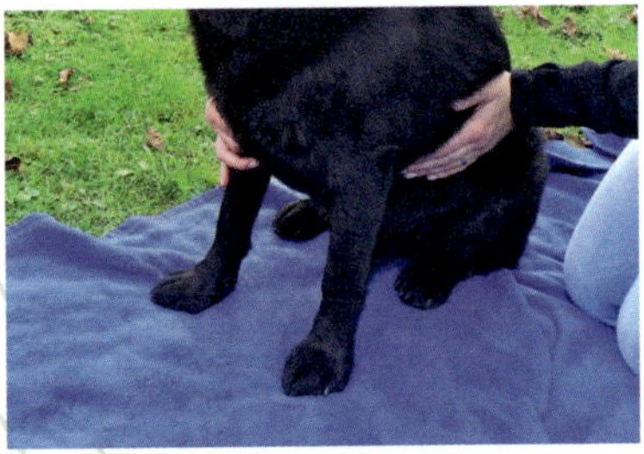

Weibliche Geschlechtsorgane und Geburtshilfe

Trächtigkeit

Die **SES 22** sind wichtige Energieschlösser, um sich an die neue Situation (die Trächtigkeit, die Geburt und die Zeit danach) zu gewöhnen.

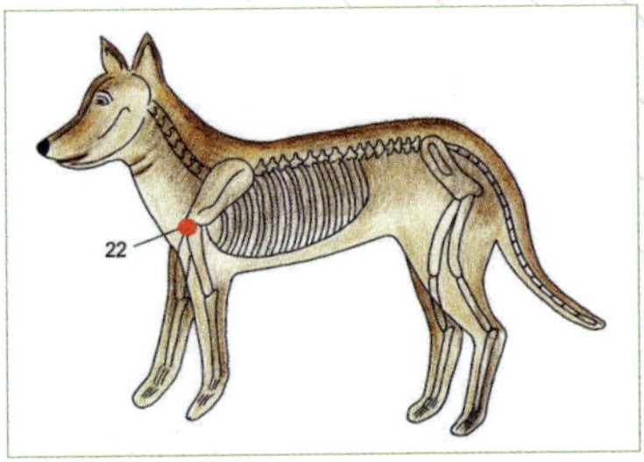

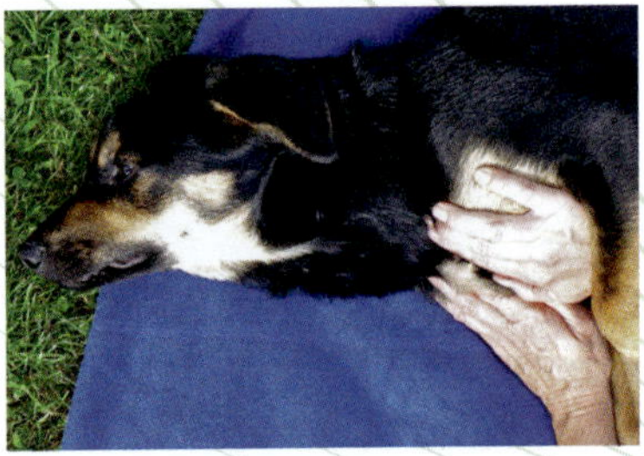

Sie können während der Zeit der Trächtigkeit regelmäßig die **Betreuerströme** (S. 27) praktizieren. Das **SES 5** zusammen mit dem **SES 16** gehalten versorgt den Uterus mit Energie.

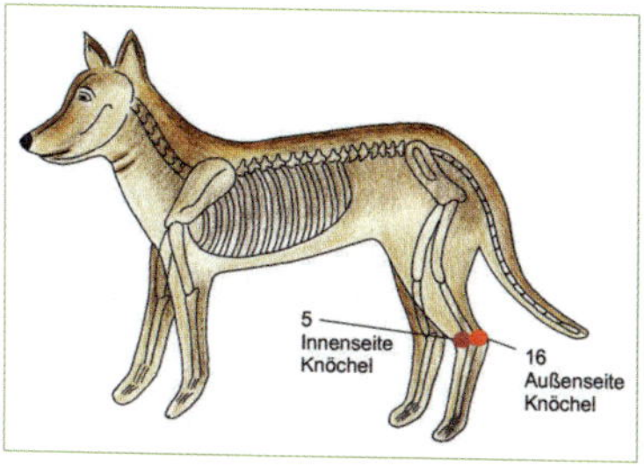

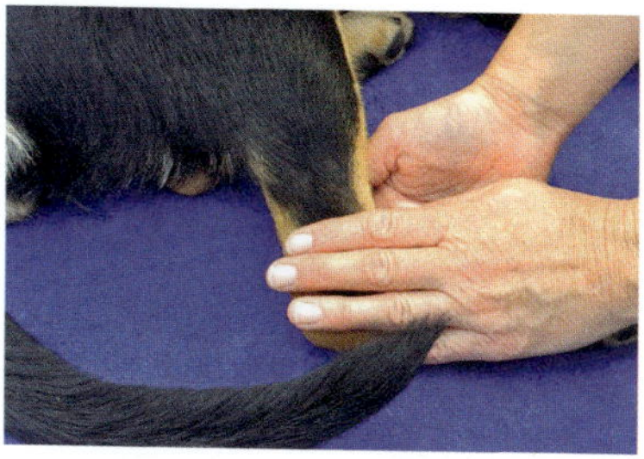

Geburtsvorbereitung

Das **SES 8** macht das Becken weich für die Geburt und öffnet den Geburtskanal. Auch das **SES 22** bereitet den Körper auf die Geburt vor. Sie können beide Energieschlösser zusammen strömen.

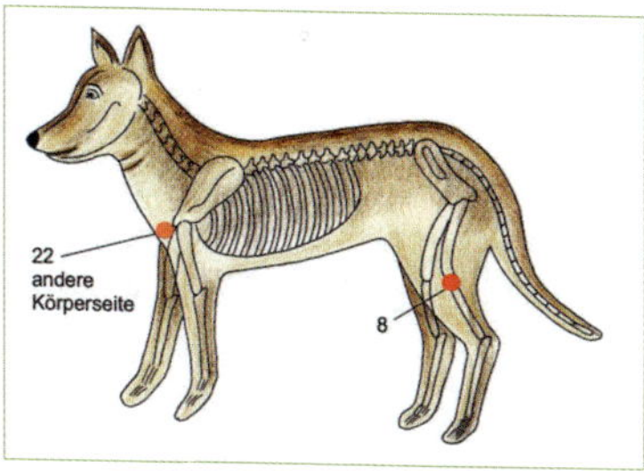

Geburtshilfe

Das **SES 13** zusammen mit dem **SES 4** entspannt und fördert eine zügige Geburt.

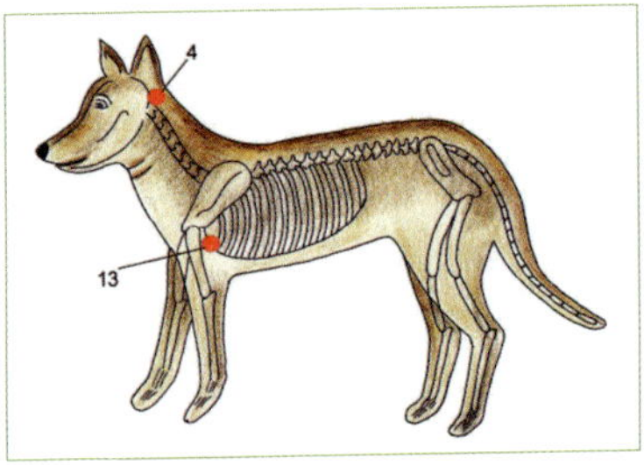

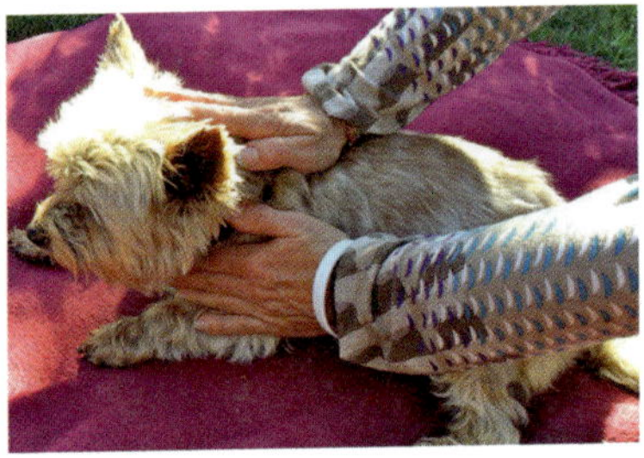

Zur allgemeinen Geburtsunterstützung und zur Förderung der Wehentätigkeit legen Sie eine Hand auf das **SES 8** (egal, welche Körperseite) und die andere Hand in den **Kreuzbeinbereich.**

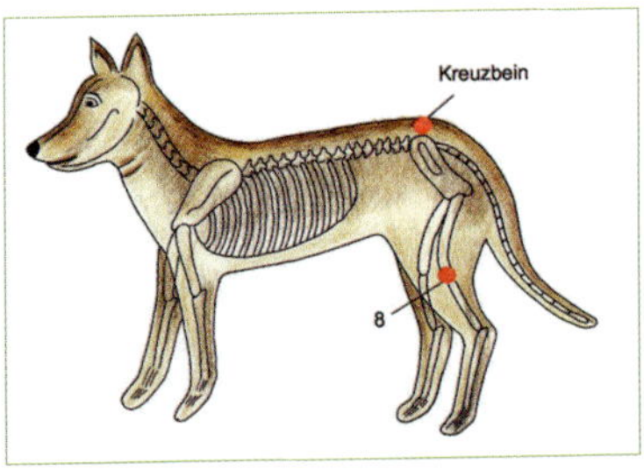

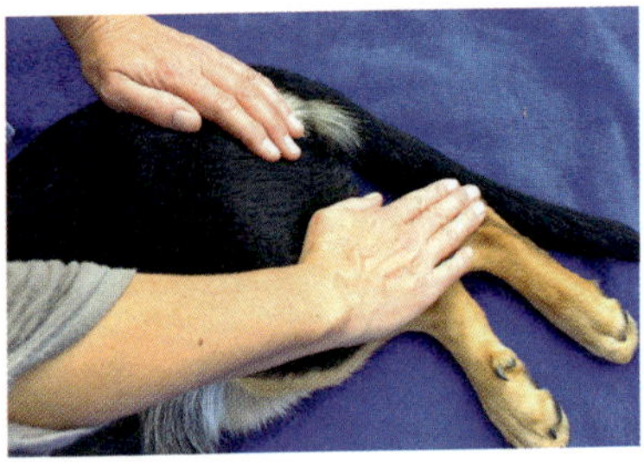

Geburtsschmerzen

Das Strömen des **SES 5** zusammen mit dem **SES 16** lindert die Schmerzen bei der Geburt (S. 91).

Wehenschwäche oder Wehen zu heftig

Das **SES 1** (S. 16) bringt alles in Bewegung und fördert somit den gesamten Geburtsprozess. Wenn die Geburt stagniert oder wenn sie zu schnell voranschreitet, halten Sie das **SES 20** und das **SES 21**.

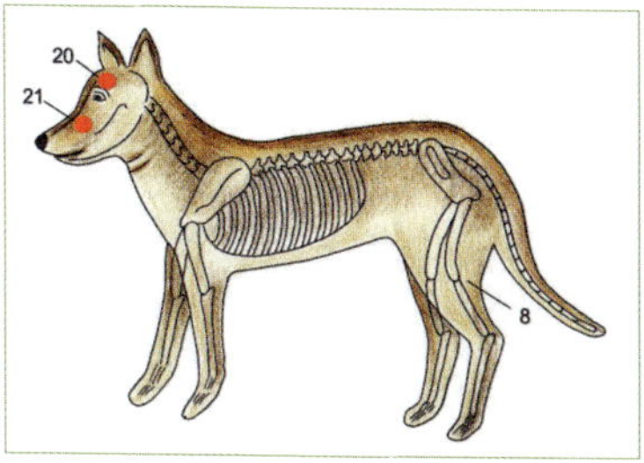

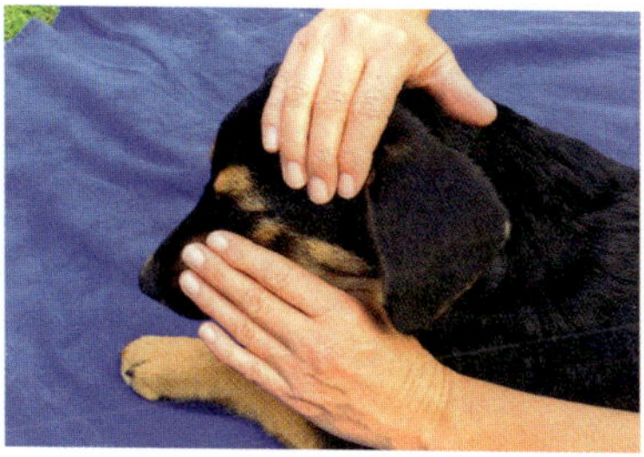

Neugeborenes: Probleme mit der Atmung

Wenn das Neugeborene Probleme mit der Atmung hat, halten Sie **beide SES 4** (S. 16).

Milchmangel und Milchüberschuss

Um den Milchfluss zu regulieren, wenden Sie den **Milzstrom** (S. 32) an. Oder legen Sie eine Hand auf das **SES 22**, die andere Hand auf das **SES 14**.

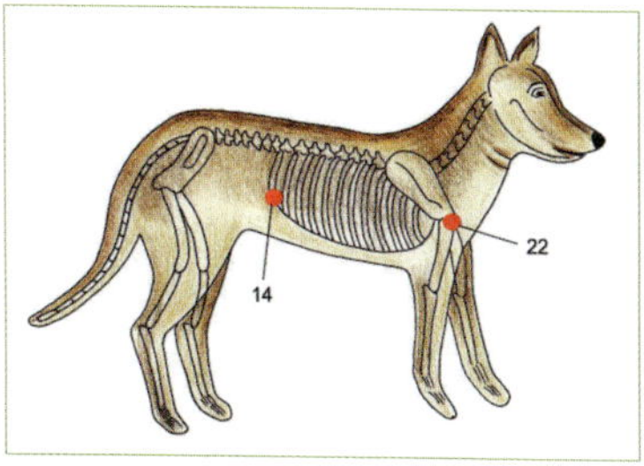

Entzündung des Gesäuges

Legen Sie zuerst eine Hand auf das **SES 3** und die andere Hand auf das **SES 15** (S. 16). Dann strömen Sie die das **hohe SES 19** (ca. eine Pfotebreit oberhalb des SES 19) zusammen mit dem **hohen SES 1** (ca. eine Pfotebreit oberhalb des SES 1):

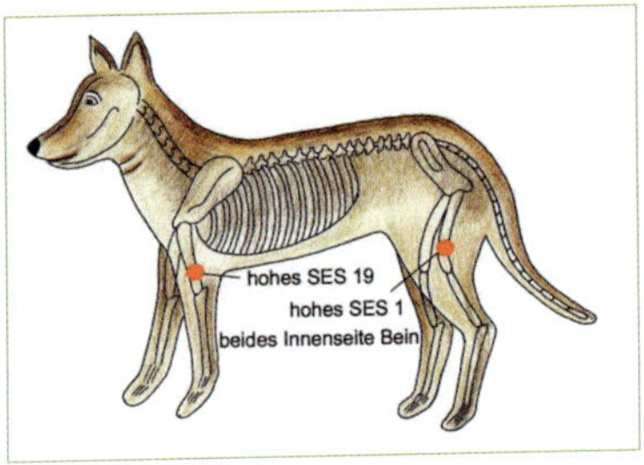

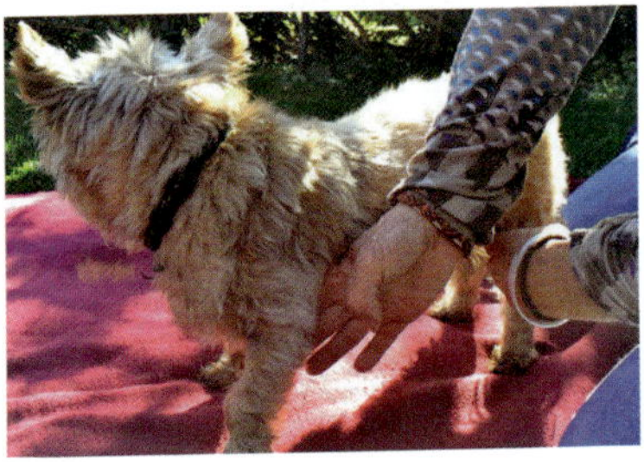

Scheinträchtigkeit

Halten Sie das **SES 10** zusammen mit dem **SES 13** erst auf der einen und dann auf der anderen Körperseite. Oder halten Sie mit einer Hand den Bereich zwischen den **beiden SES 10**, und legen Sie die andere Hand auf die Brust in den Bereich zwischen **beiden SES 13**.

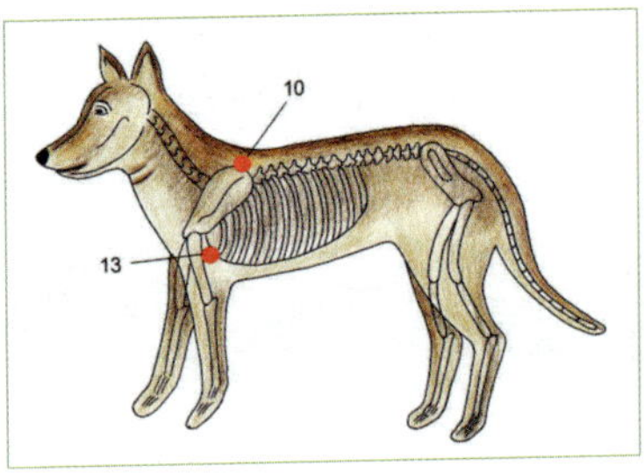

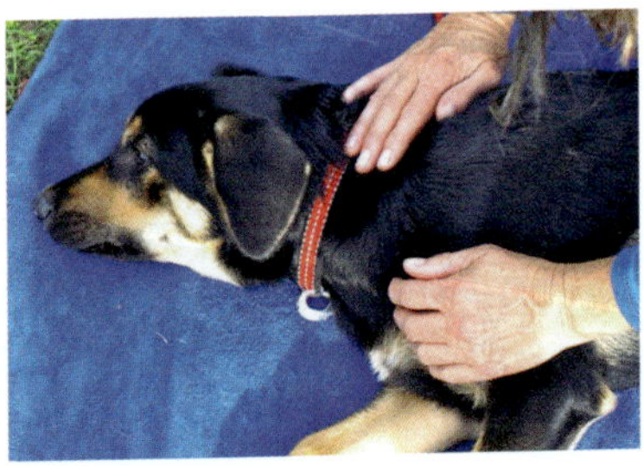

Geschlechtsorgane

Sterilität

Stärken Sie das SES 13: Halten Sie dazu **beide SES 13** oder das **SES 8** zusammen mit dem **SES 13** auf der anderen Körperseite.

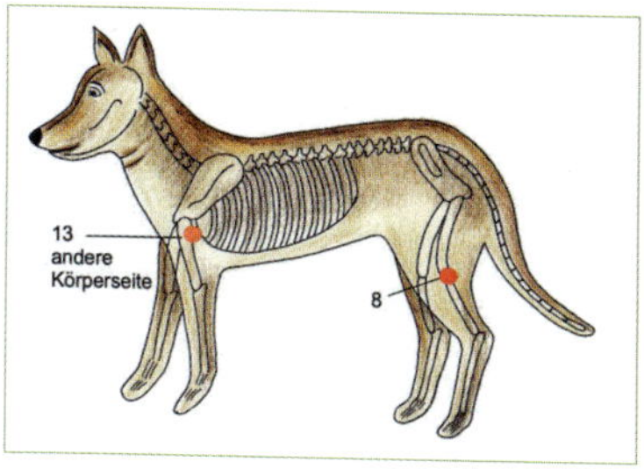

Stärken Sie den **Blasenstrom** (S. 41) und den **Milzstrom** (S. 32).

Regulierung der Läufigkeit

Praktizieren Sie regelmäßig den **Milzstrom** (S. 32) und den **Zentralstrom** (S. 22). Halten Sie **beide SES 13**, oder legen Sie eine Hand in die Mitte der Brust zwischen **beide SES 13** und die andere Hand auf das **Steißbein**.

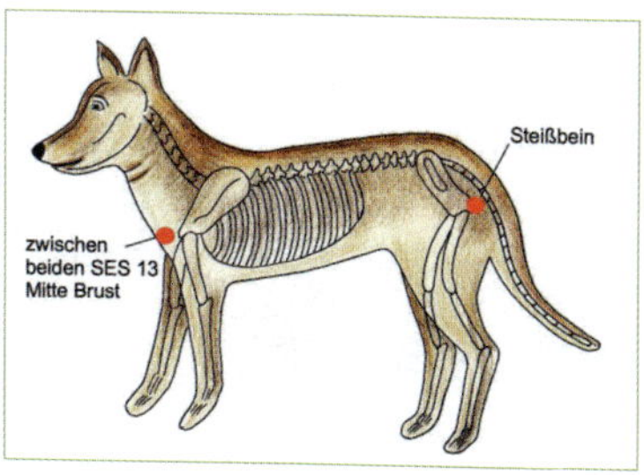

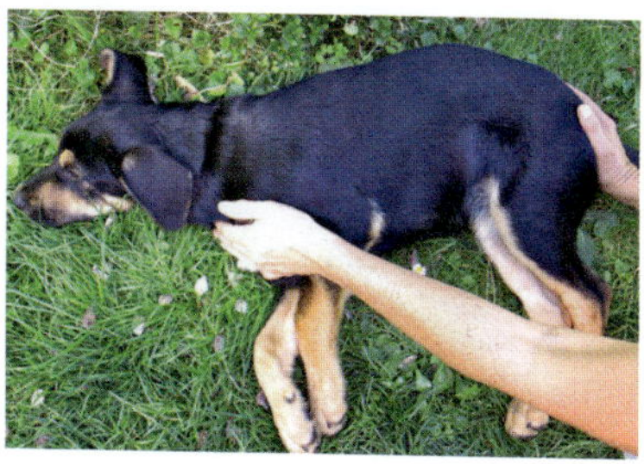

Haut und Fell

Der **Magenstrom** (S. 35) ist der Haut- und Haarspezialist. Wenn Ihr Hund Haut- oder Fellprobleme hat, empfiehlt es sich, diesen Strom regelmäßig anzuwenden. Achten Sie auch auf eine gesunde und ausgewogene Ernährung.

Haarausfall

Für einen gesunden Fellwuchs sind neben der Ernährung auch ein entsäuerter Körper und ein intaktes Hormonsystem wichtig. Wenden Sie die **Griffe zur Entgiftung** (S. 75) an. Zur Harmonisierung des Hormonsystems strömen Sie das **SES 14** zusammen mit dem **SES 22** der anderen Körperseite.

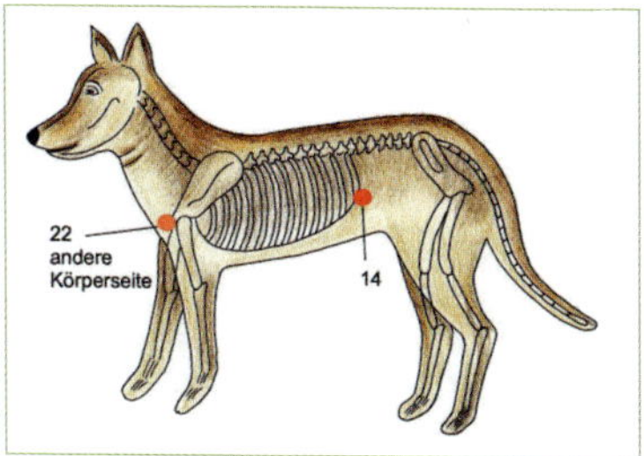

Stumpfes Fell

Bei stumpfem Fell praktizieren Sie regelmäßig den **Milzstrom** (S. 32).

Schuppen

Harmonisieren Sie den **Magenstrom** (S. 35) und den **Milzstrom** (S. 32).

Ekzeme

Strömen Sie regelmäßig das **SES 3** zusammen mit dem **SES 19**.

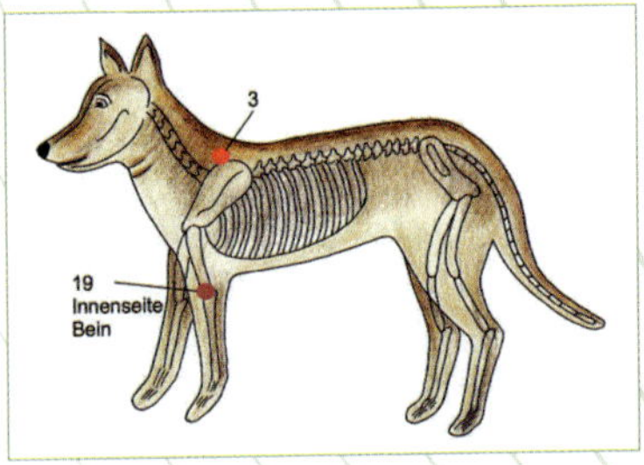

Sie können auch das **SES 14** zusammen mit dem **SES 22** halten.

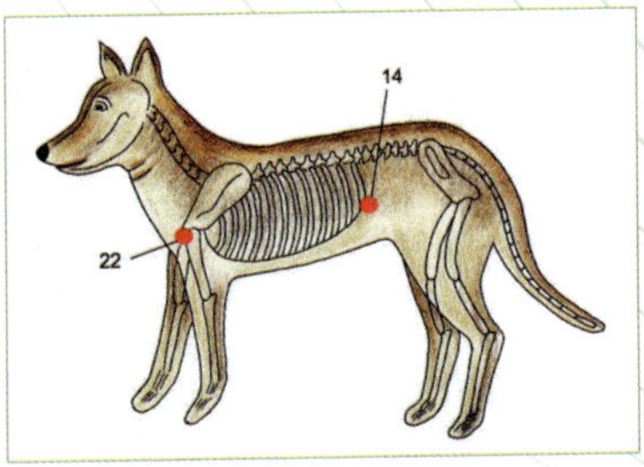

Furunkel und Abszesse

Bei Furunkeln und Abszessen, bei allem, was aus dem Körper raus muss, legen Sie Ihre linke Hand auf die **kranke Körperstelle** und die rechte Hand auf die **linke Hand**.

Haut und Fell

Wenn Sie zu mehreren Leuten sind, können Sie auch einen »Händeberg« machen: Legen Sie Ihre linke Hand auf den **Abszess** und die rechte Hand auf die **linke Hand**, der nächste legt seine linke Hand auf Ihre **rechte Hand** und seine rechte Hand auf die **linke Hand** usw. Das beschleunigt den Heilungsprozess.

Juckreiz

Um Juckreiz zu lindern, strömen Sie das **SES 3** zusammen mit dem **SES 4**.

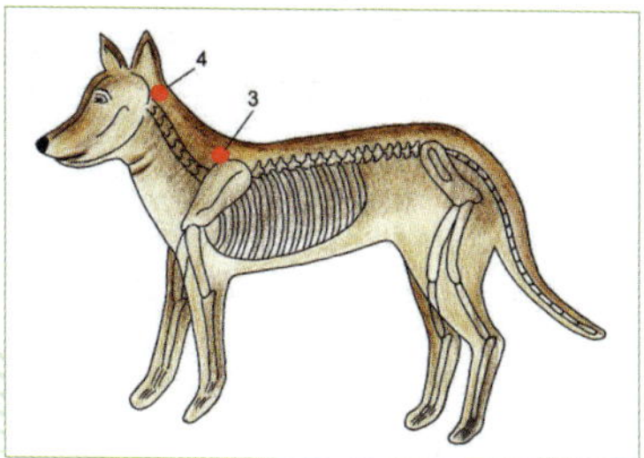

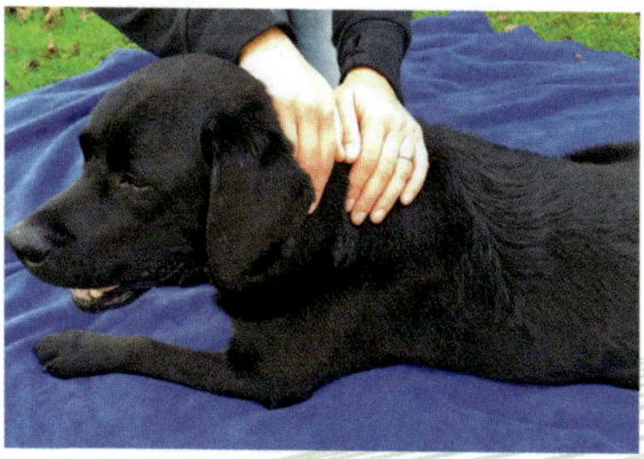

Allergien

Allergien sind nicht nur beim Menschen, sondern inzwischen auch beim Hund ein weitverbreitetes Thema.
Es sind unterschiedliche Faktoren, die eine Allergie auslösen können, und oft können wir die Zusammenhänge nur vermuten. Das Immunsystem bekämpft Stoffe, die es eigentlich nicht bekämpfen sollte.
Bei allen Allergien ist die Harmonisierung des Immunsystems ein wesentlicher Punkt. Das SES 3 ist der Schlüssel zu einem gut funktionierenden Immunsystem. Es ist sozusagen die Tür, die aufspringt, damit Viren und Bakterien den Körper wieder verlassen können, und durch die der Körper neue, gereinigte Energie empfangen kann.

Halten Sie das **SES 3** zusammen mit dem **SES 15**.

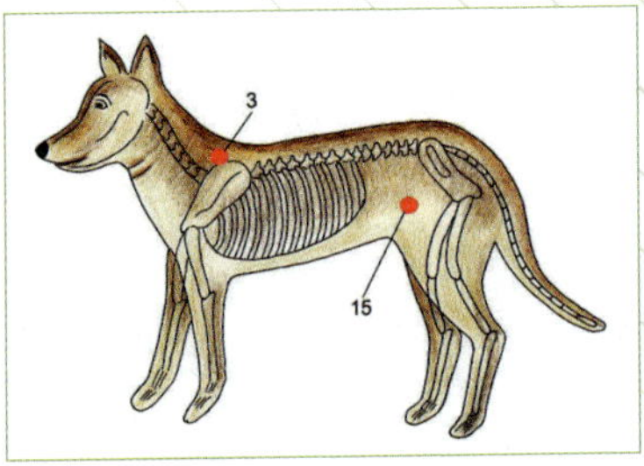

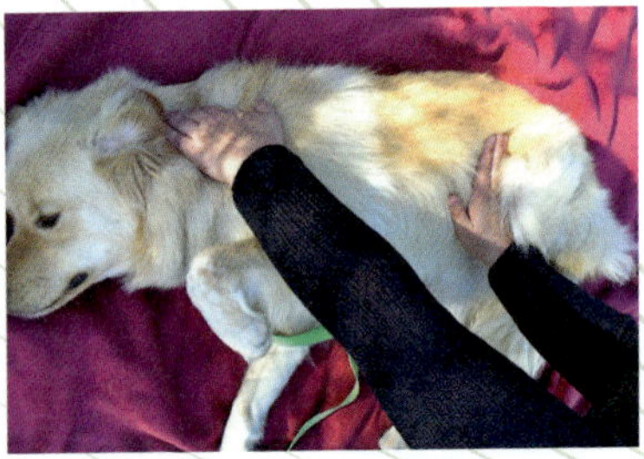

Auch der **Milzstrom** (S. 32) stärkt das Immunsystem. Ein weiterer wichtiger Griff bei Allergien ist folgender: Legen Sie eine Hand auf das **SES 19**, die andere Hand auf das **SES 1**.

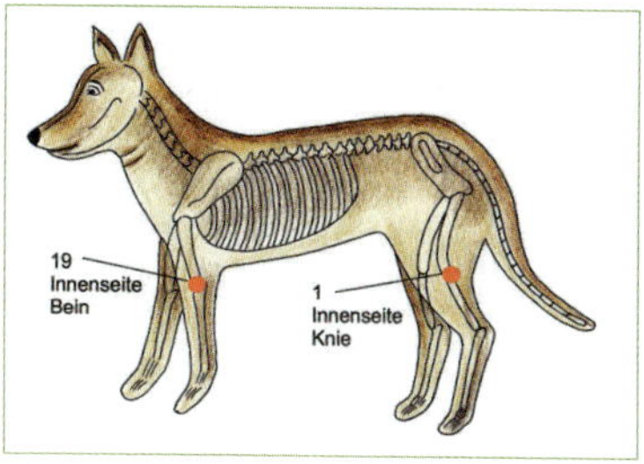

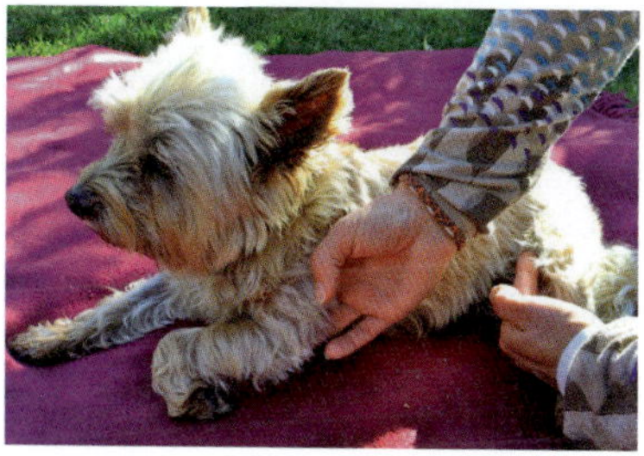

Ein wesentliches Energieschloss bei allen Unverträglichkeiten ist das SES 22. Es hilft, sich im positiven Sinne anzupassen. Halten Sie beim Strömen **beide SES 22**.

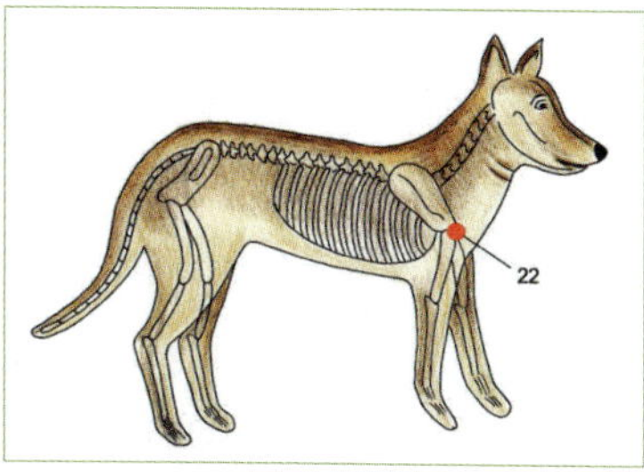

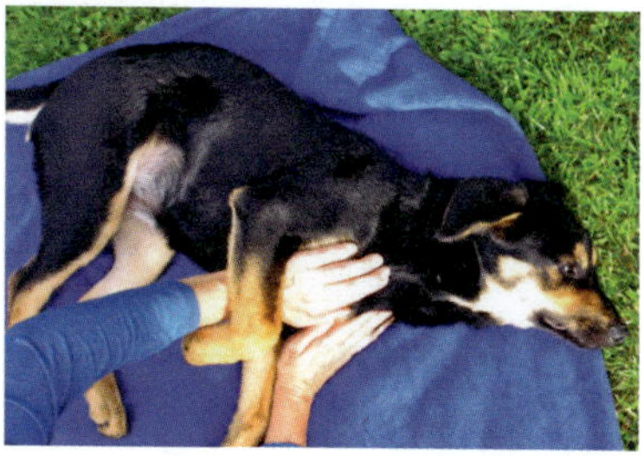

Oder halten Sie das **SES 22** zusammen mit dem **SES 14**.

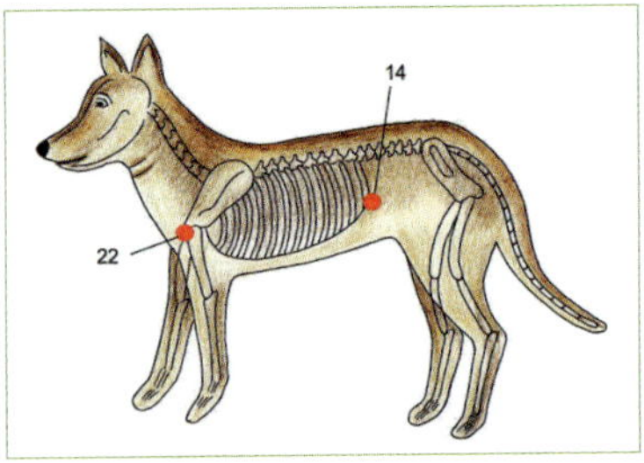

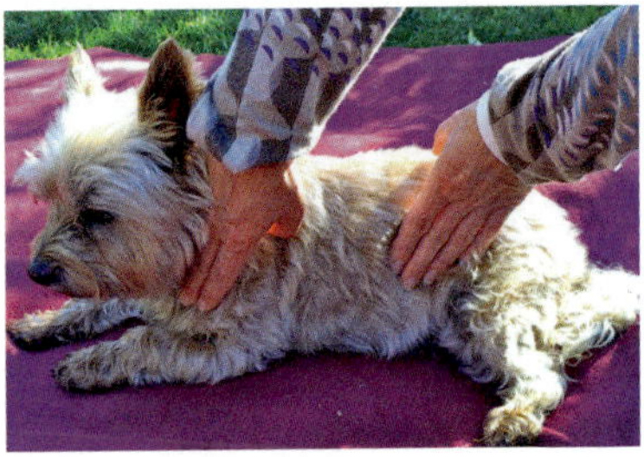

Sehr hilfreich ist auch der Griff zur **Ersten Zentrierung** (**SES 10** und **SES 13**, S. 19).

Nervensystem

Neuralgien

Bei Neuralgien im Kopfbereich eignet sich der **Magenstrom** (S. 35). Zur Schmerzlinderung halten Sie das **SES 5** zusammen mit dem **SES 16** (S. 92). Oder halten Sie das **SES 10** zusammen mit dem **SES 17**.

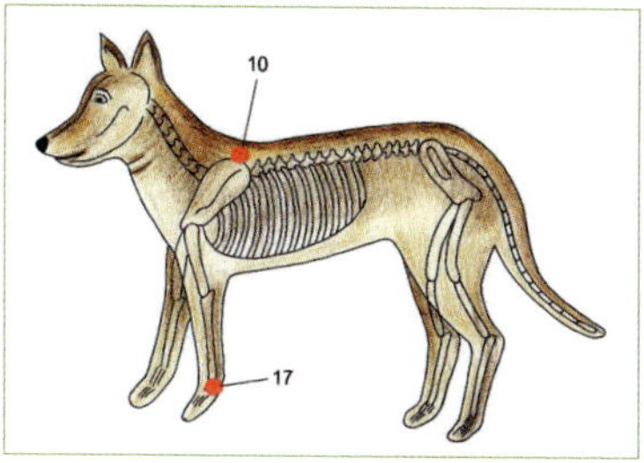

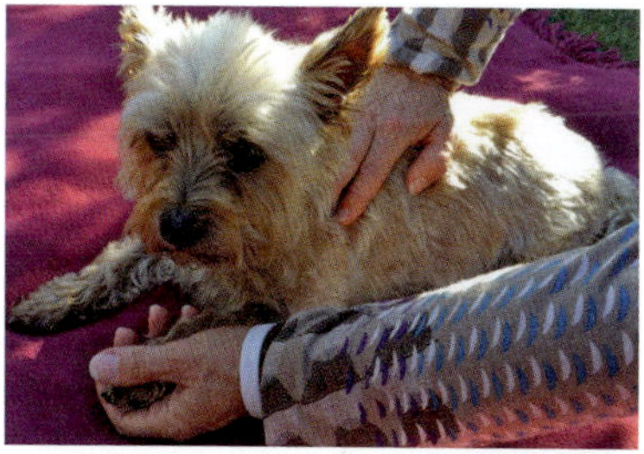

Muskelzucken

Zuckungen der Muskulatur können als Begleitsymptom diverser neurologischer Erkrankungen vorkommen. Dazu zählen Störungen im Nervensystem sowie in den Nervenzellen der Muskulatur. Lassen Sie es ärztlich abklären.
Nicht immer steckt eine Krankheit dahinter. Muskelzuckungen sind oft harmlos. Manchmal liegt dem Symptom auch eine vorübergehende Nervenreizung zugrunde. Strömen Sie das **SES 8** zusammen mit dem **SES 17**.

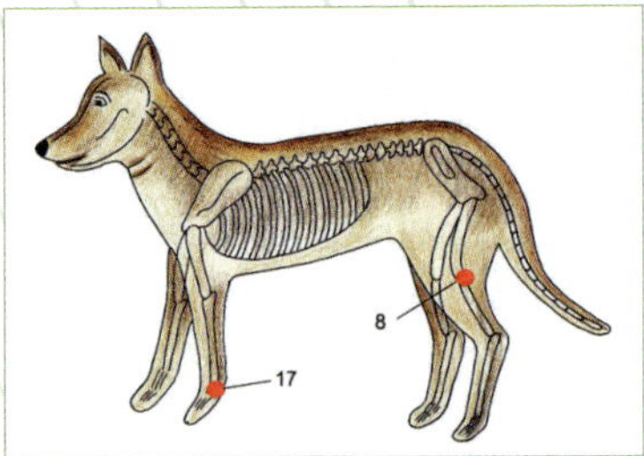

Lähmungen

Bei Lähmungen halten Sie nacheinander folgende Griffe:

Für die rechte Körperseite:

Legen Sie die linke Hand auf das **rechte SES 4** und die rechte Hand auf das **rechte SES 13**.

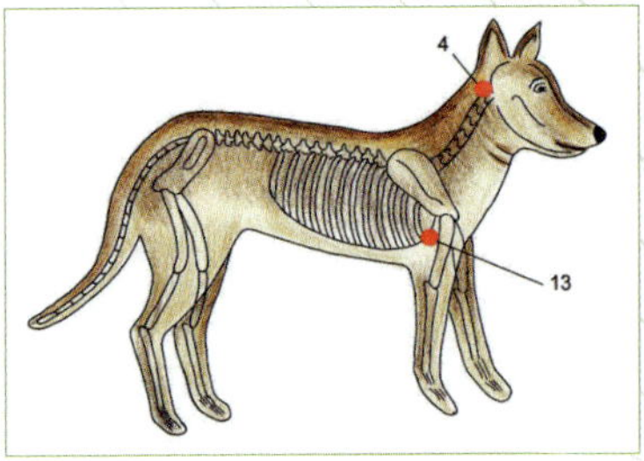

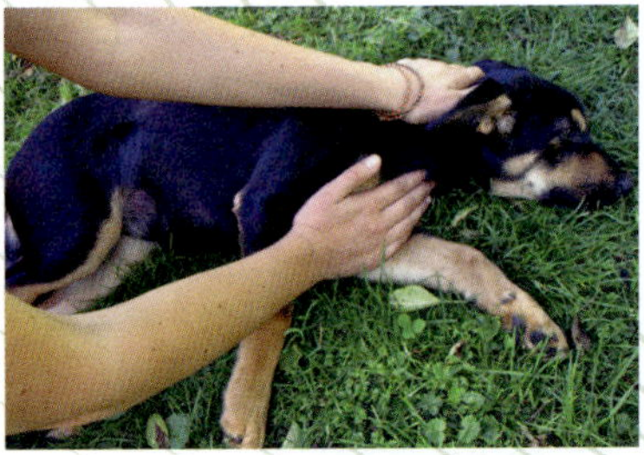

Dann legen Sie die linke Hand auf das **rechte SES 16** und die rechte Hand auf das **rechte SES 15.**

Nervensystem

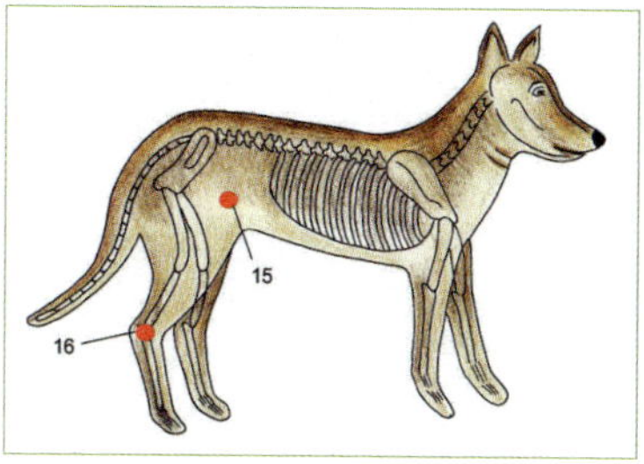

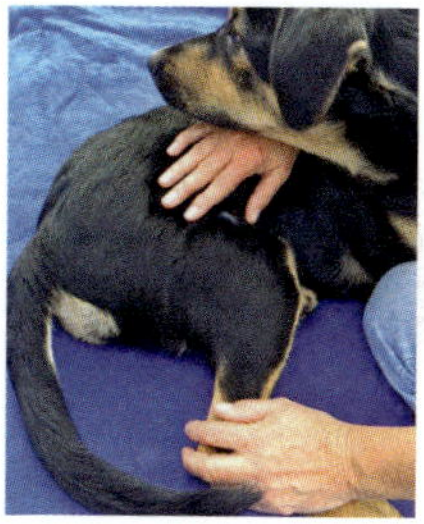

Für die linke Körperseite machen Sie die Griffe umgekehrt:
Legen Sie die rechte Hand an das **linke SES 4** und die linke Hand auf das **linke SES 13**. Dann legen Sie die rechte Hand an das **linke SES 16** und die linke Hand auf das **linke SES 15**.

Epilepsie

Falls Ihr Hund an Epilepsie leidet, können Sie die Behandlung folgendermaßen unterstützen:
Halten Sie **beide SES 7** (die großen Zehen der Hinterpfoten).

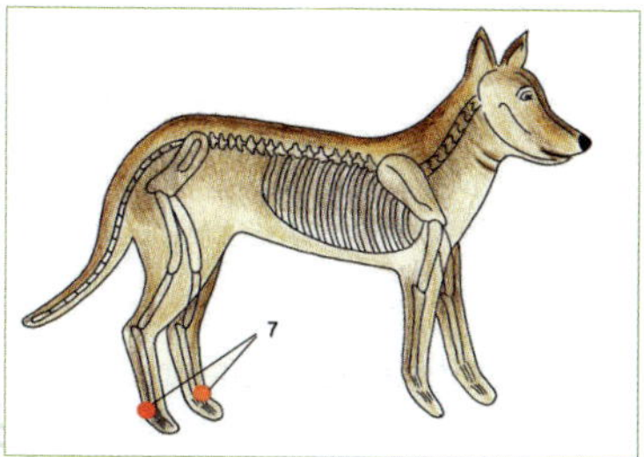

Halten Sie öfter **Nacken** und **Stirn**.

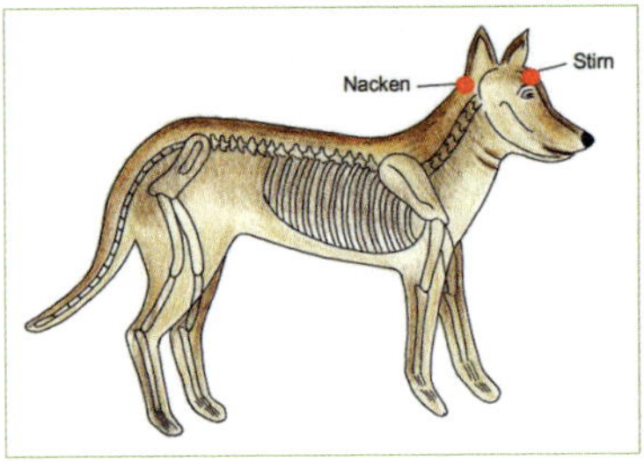

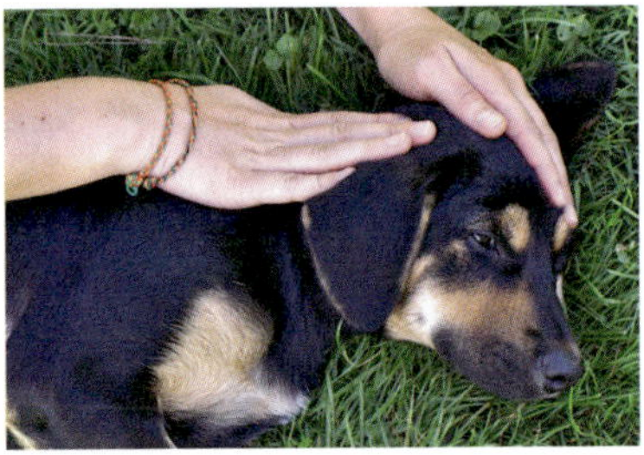

Halten Sie das **SES 12** zusammen mit dem **SES 14**.

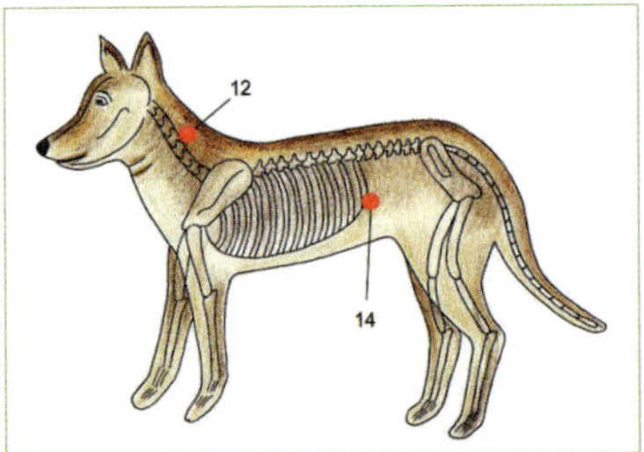

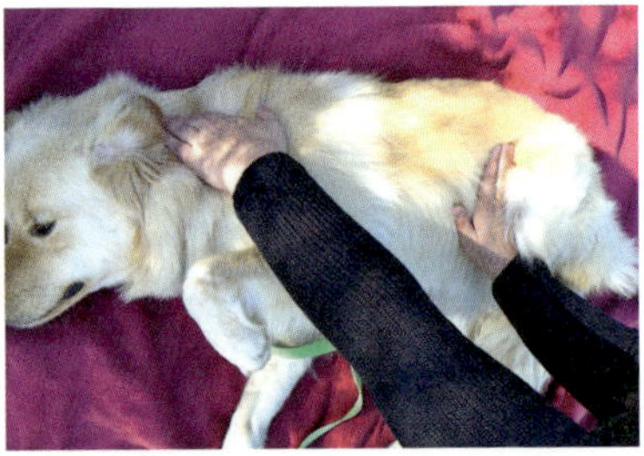

Nervensystem

Immunsystem

Ein intaktes Immunsystem ist Voraussetzung für Gesundheit und Lebenskraft. Sobald Sie Ihren Hund strömen, stärken Sie automatisch sein Immunsystem und regen die Selbstheilungskräfte an. Das wichtigste Energieschloss für ein gut funktionierendes Immunsystem ist das SES 3. Denn wenn das SES 3 geöffnet ist und die Energie ungehindert hindurchfließen kann, können Bakterien und Viren, die sich eigentlich ständig im Körper befinden, auch wieder aus dem Körper hinaus und müssen sich nicht festsetzen und Krankheiten auslösen. Man kann auch beginnende Infekte stoppen und auflösen, indem man das SES 3 öffnet. Dafür halten Sie das **SES 3** am besten zusammen mit dem **SES 15** (S. 100).

Weitere Ströme harmonisieren das Immunsystem sehr effektiv und kraftvoll:

- der Zentralstrom (S. 22)
- die Betreuerströme (S. 27)
- der Milzstrom (S. 32)

Oder halten Sie das **SES 19** zusammen mit dem **hohen SES 19**.

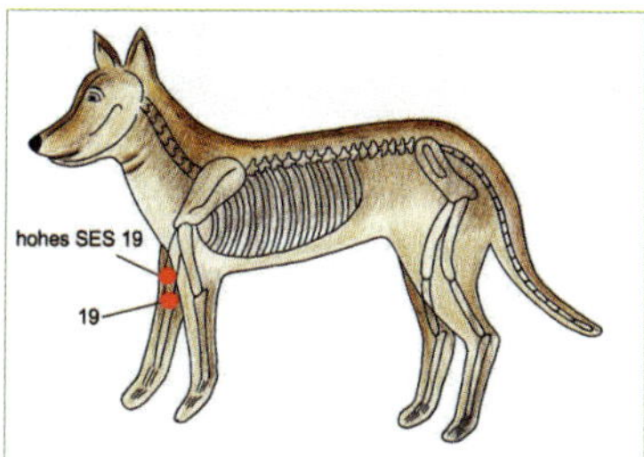

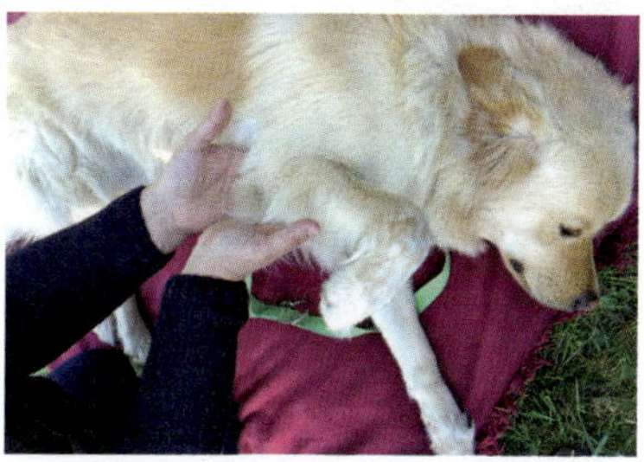

Infektionskrankheiten

Sollten eine dieser zum Teil sehr schwerwiegenden Krankheiten trotz Impfung auftreten, können Sie neben der tierärztlichen Behandlung Ihren Hund auch mit Strömen unterstützen.

Staupe

Die Empfänglichkeit für Staupe ist unterschiedlich. Man sagt, dass vor allem Junghunde betroffen sind, aber auch ältere Tiere können sich infizieren.
Die ersten Symptome werden oft nicht als Staupe erkannt: leichter Temperaturanstieg mit Mandelentzündung, Lidbindehautentzündung, Durchfall mit Apathie. Diese Phase kann recht harmlos verlaufen. Oft erkennt man erst in der zweiten Phase, die dann meist heftiger ausfällt, die Art der Erkrankung. In dieser kommen oft Husten, Niesen, Nasenausfluss, Durchfall und entzündete Augen hinzu.
Nach den ersten beiden Phasen kann die Staupe auch ausheilen, wenn sie einen besonders milden Verlauf nimmt. Diese genannten Symptome können aber auch ausbleiben, und es kann stattdessen sofort zur Erkrankung des Nervensystems kommen. Dabei können eine Gehirnhautentzündung, eine Veränderung des Rückenmarks, der Ausfall von Hirnnerven, epileptische Anfälle, ein rhythmisches Muskelzittern oder Krämpfe auftreten.
Unterstützen Sie Ihren Hund zusätzlich zu der tierärztlichen Behandlung mit Strömen. Strömen Sie lieber immer nur sehr kurze Sequenzen von wenigen Minuten, dafür aber öfter am Tag.

Praktizieren Sie sanfte Ströme wie die **Betreuerströme** (S. 27). Halten Sie oft das **SES 3** zusammen mit dem **SES 15** (S. 100), für die Entgiftung das **SES 23** und das **SES 25** (S. 75). Stärken Sie das Immunsystem (S. 110). Strömen Sie die Punkte, die bei den jeweiligen Symptomen betroffen sind.

Leptospirose

Die Leptospirose, auch »Stuttgarter Hundeseuche« genannt, ist eine in akuten Fällen schnell tödlich verlaufende Erkrankung. Sie äußert sich durch Erbrechen und Durchfall (meist verbunden mit Blut), schnelle Abmagerung, übel riechenden Atem, Schmerzen im Hinterleib und hohes Fieber oder auch Untertemperatur. Hier muss schleunigst ein Antibiotikum verabreicht werden.
Strömend können Sie die Behandlung unterstützen, indem Sie mehrmals am Tag das **SES 3** und das **SES 15** halten (S. 100). Halten Sie auch **beide SES 1** (Innenseite Knie Hinterbeine). oder das **SES 1** zusammen mit dem **SES 8** (S. 72).

Parvovirose

Die Parvovirose-Infektion bricht meist sehr plötzlich aus und ist mit heftigem Erbrechen und gleichzeitigem oder bald folgendem Durchfall, der oft blutig und wässrig ist, verbunden. Die größte Gefahr besteht im Austrocknen des Körpers und dem rapiden Gewichtsverlust.
Strömen Sie zusätzlich zur tierärztlichen Behandlung das **rechte SES 8** und das **linke hohe SES 1** (S. 72).

Praktizieren Sie die **Betreuerströme** (S. 27) und die Griffe zur Stärkung des Immunsystems (S. 110).

Zwingerhusten

Strömen Sie die Punkte, die bei Husten und Bronchitis beschrieben werden (S. 64).
Wenden Sie die **Betreuerströme** (S. 27) an, und stärken Sie allgemein das Immunsystem (S. 110).

Geschwülste und Tumore

Wo Bewegung ist, können sich keine Ansammlungen festsetzen. Strömen bringt den Energiefluss wieder in Bewegung, sodass sich Altes und Verhärtetes lösen können. Jin Shin Jyutsu harmonisiert das ganze Wesen und bringt nach und nach alles wieder ins Gleichgewicht – auch das Zellwachstum.

Das **SES 1** (Innenseite Knie Hinterbeine), der Urbeweger, bringt alles in Bewegung und löst Staus und Ansammlungen auf.

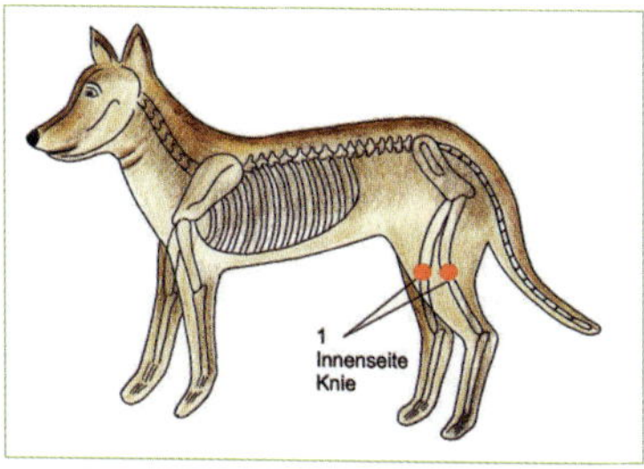

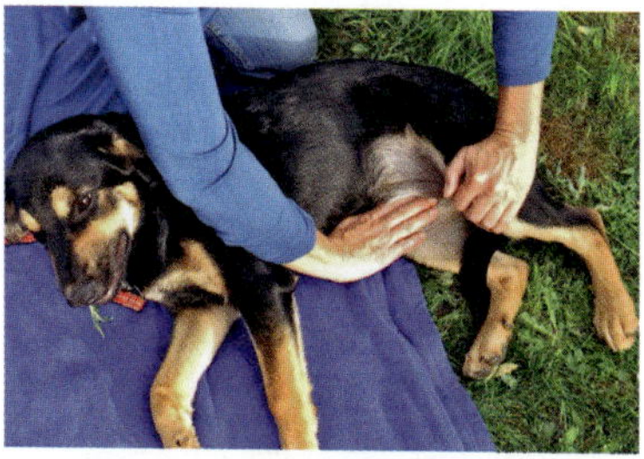

Der **Milzstrom** (S. 32) bringt das Licht in jede Zelle und kann Tumore und Ansammlungen auflösen. Wenden Sie regelmäßig den **Zentralstrom** (S. 22) an.
Halten Sie das **SES 20** auf der einen und das **SES 19** auf der anderen Körperseite und dann umgekehrt. Dies ist ein wichtiger Griff für die Zellerneuerung.

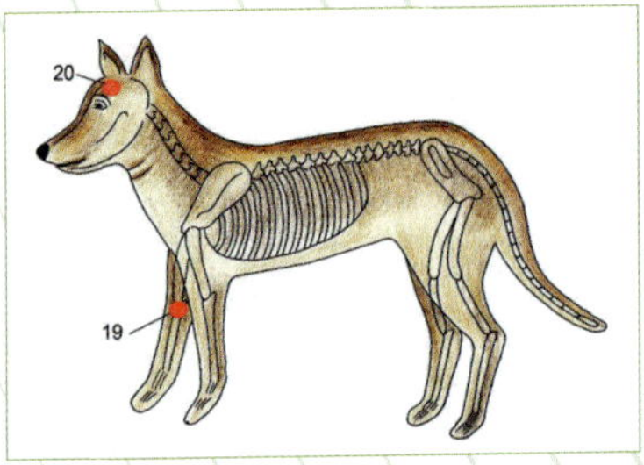

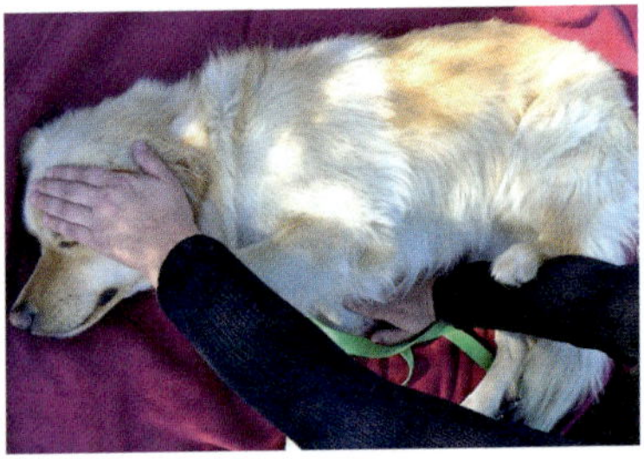

Praktizieren Sie regelmäßig die **Betreuerströme** (S. 27). Sorgen Sie für eine Entgiftung des Körpers (S. 75). Halten Sie das **SES 11** und den **zweiten Zeh der Hinterpfote** der anderen Körperseite.

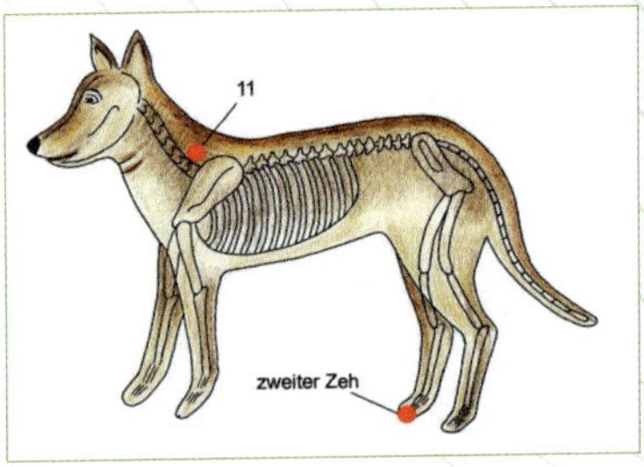

Ein wichtiger Griff bei bösartigen Tumoren ist folgender:

Legen Sie eine Hand auf das **SES 24** (harmonisiert Chaos) und die andere Hand auf das **SES 26**. Dies ist auch ein wirksamer Griff bei Zysten.

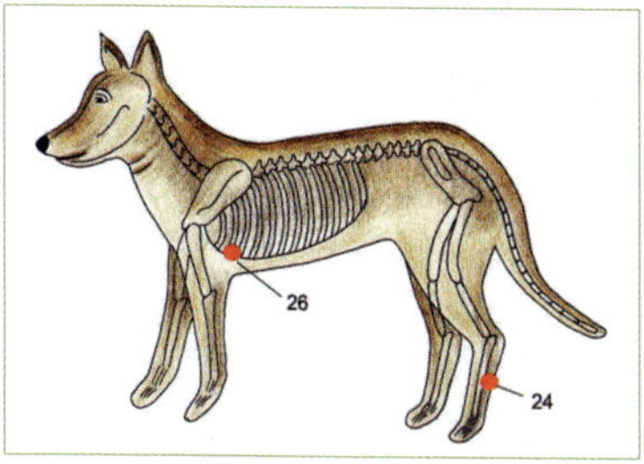

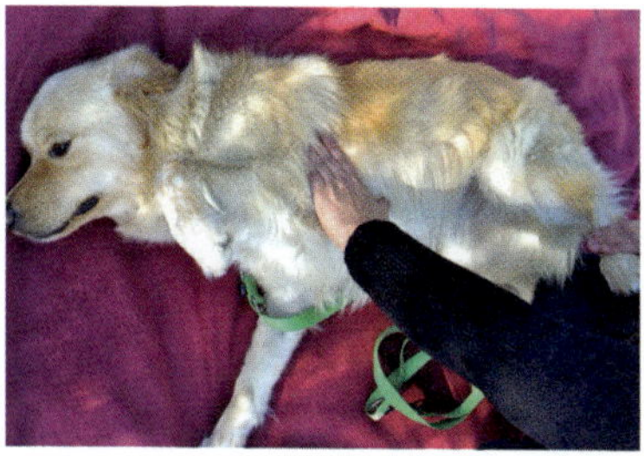

Um Ödeme aufzulösen, wenden sie den **Blasenstrom** (S. 41) an.

Verletzungen und Notfälle

Wunden

Bei blutenden Wunden legen Sie die rechte Hand auf oder über die **Wunde oder den Wundverband** und die linke Hand auf die **rechte Hand**.

Bei eitrigen Wunden legen Sie die linke Hand auf oder über die **Wunde bzw. den Verband** und die rechte Hand auf die **linke Hand**.

Bluterguss

Kreuzen Sie die Hände übereinander, sodass sich die kleinen Finger berühren. Legen Sie sie so auf die **betroffene Stelle**.

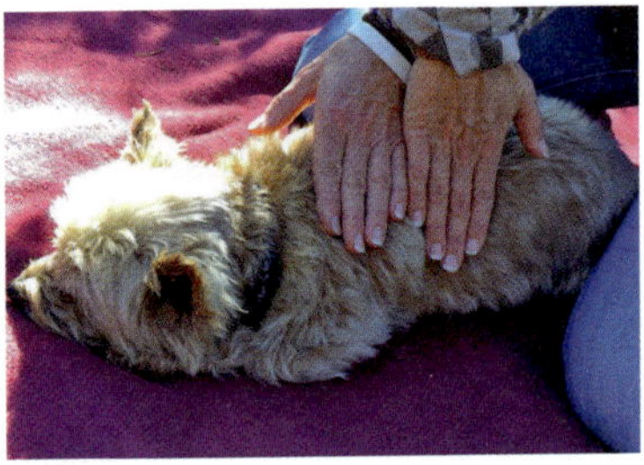

Bisse

Siehe »Wunden« (S. 121).

Stiche, Splitter und Dornen

Legen Sie die linke Hand auf oder über die **betroffene Stelle** und die rechte Hand auf die **linke Hand**.

Verbrennungen

Legen Sie beide Hände nebeneinander über die **betroffene Stelle**.

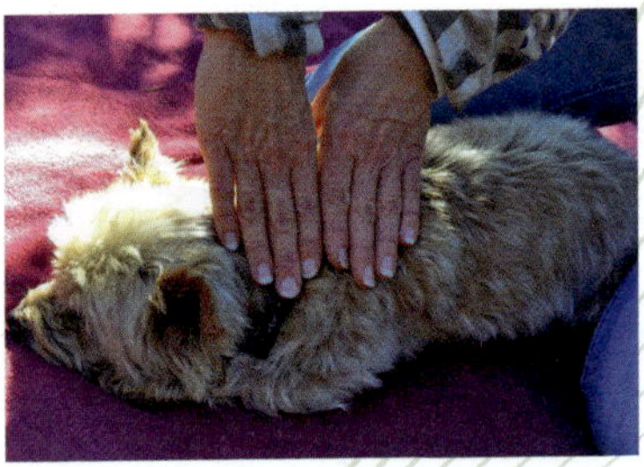

Gehirnerschütterung

Halten Sie zuerst **beide SES 4** und danach **beide SES 7**.

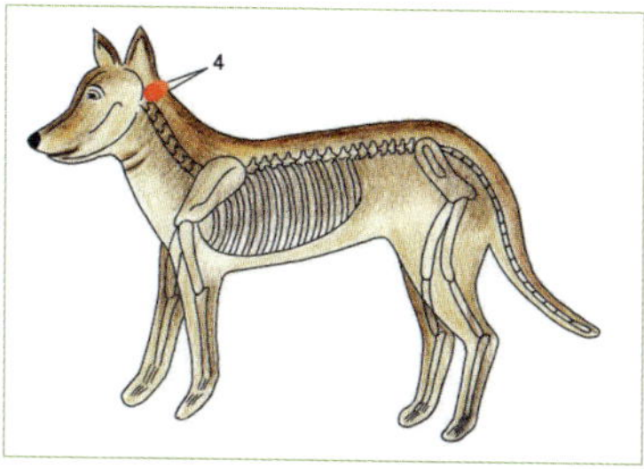

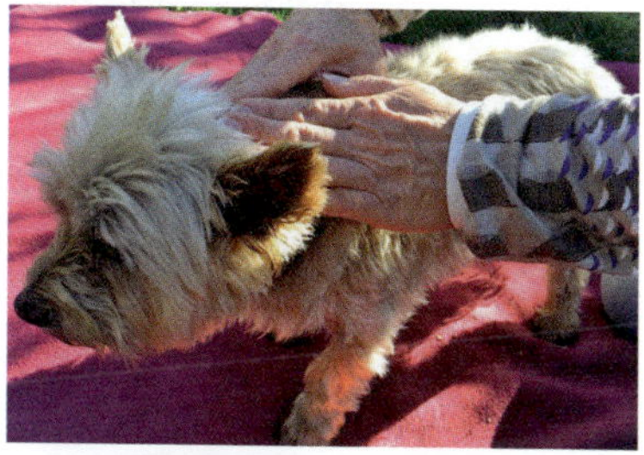

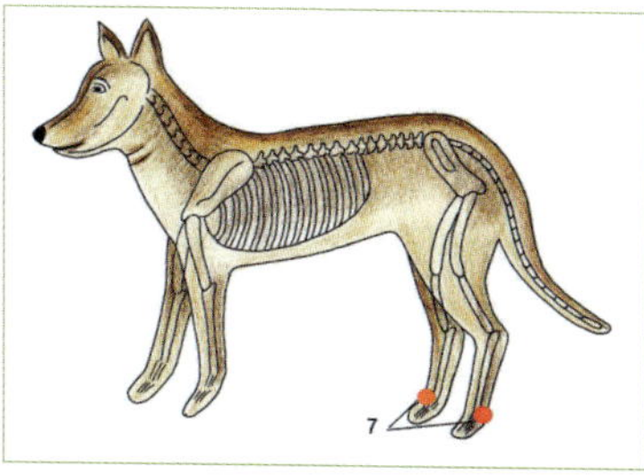

Knochenbrüche

Legen Sie beide Hände in die Leisten, auf die **SES 15**, oder legen Sie eine Hand auf den **Bruch**, die andere Hand auf das **SES 15**.

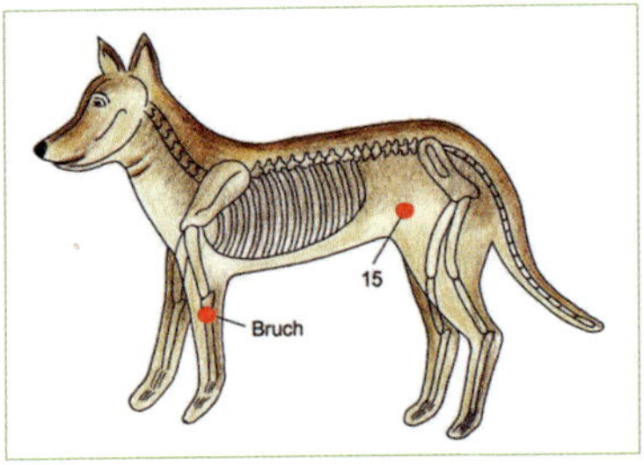

Prellungen

Legen Sie die rechte Hand auf die **betroffene Stelle** und die linke Hand auf die **rechte Hand** (S. 121).

Schock

Ein Schock ist eine lebensbedrohliche Erkrankung des Kreislaufsystems, und ein betroffenes Tier gehört auf jeden Fall in die Hände eines Tierarztes. Ein Schock kann verschiedene Ursachen haben, z. B. Hitzschlag, Verletzung, starke Blutung, Beißerei, Vergiftung, Allergie, Verbrennung, Magendrehung etc. Anzeichen für einen Schock sind: Hund ist geschwächt; schnelle, flache Atmung; beschleunigter Herzschlag; auffallend blasses Zahnfleisch; Pfoten, Ohren und Schwanzspitze fühlen sich kühl an; Zittern, Taumeln.

Zur Ersten Hilfe strömen Sie **beide SES 1** (Innenseite Knie Hinterbeine).

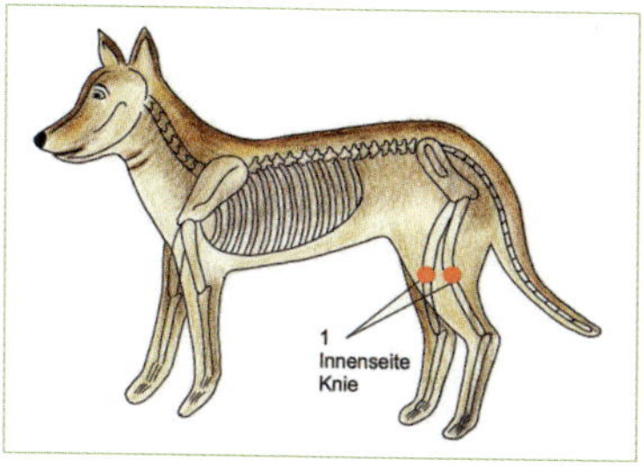

Vergiftungen

Auch bei Vergiftungen muss sofort der Tierarzt aufgesucht werden. Als Erste Hilfe halten Sie **beide SES 1** (siehe oben). Halten Sie zusätzlich das **SES 21** und das **SES 23**.

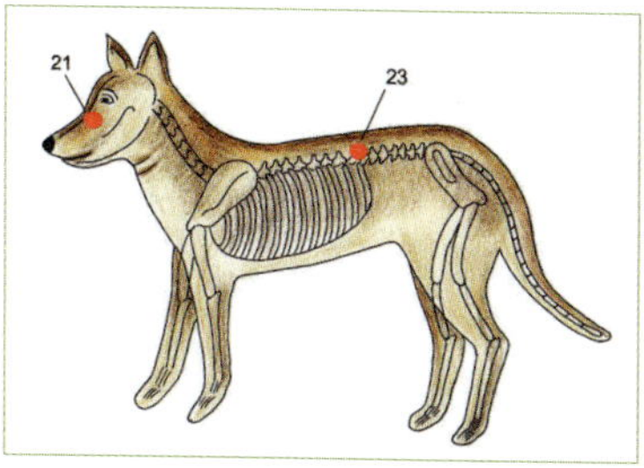

Hitzschlag und Sonnenstich

Die Erste-Hilfe-Griffe bei zu viel Sonne oder Hitze sind: Halten Sie **beide SES 4** (S. 123). Halten Sie **beide SES 7** (S. 123).

Verschlucken und Atemnot

Halten Sie **beide SES 1** (S. 125) oder das **SES 1** zusammen mit dem **SES 2**.

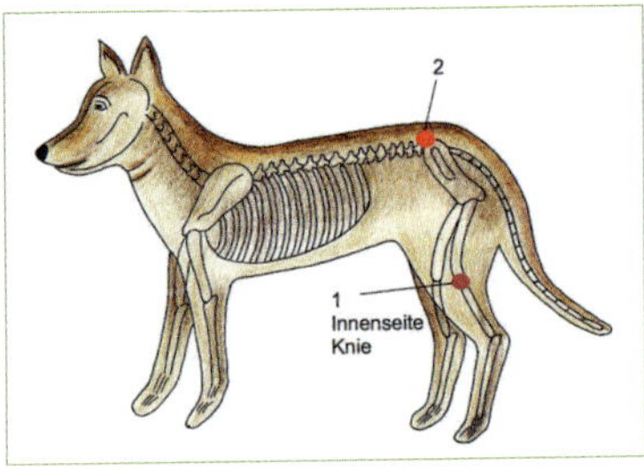

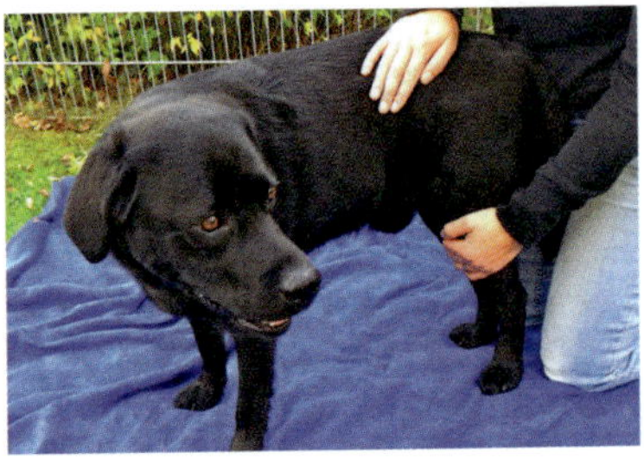

Krämpfe

Halten Sie **beide SES 8**. Oder halten Sie das **SES 8** zusammen mit dem **SES 1** der anderen Körperseite.

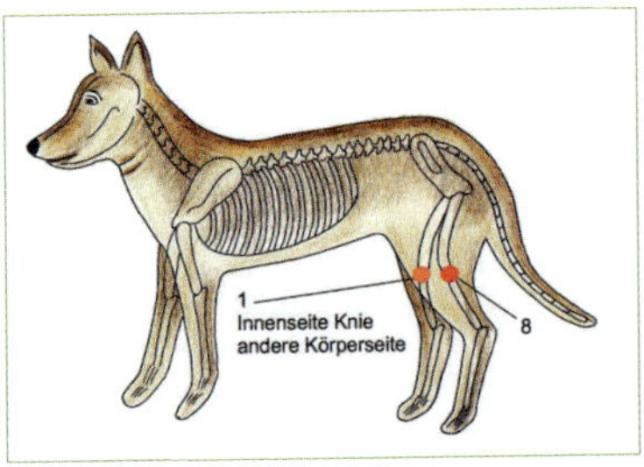

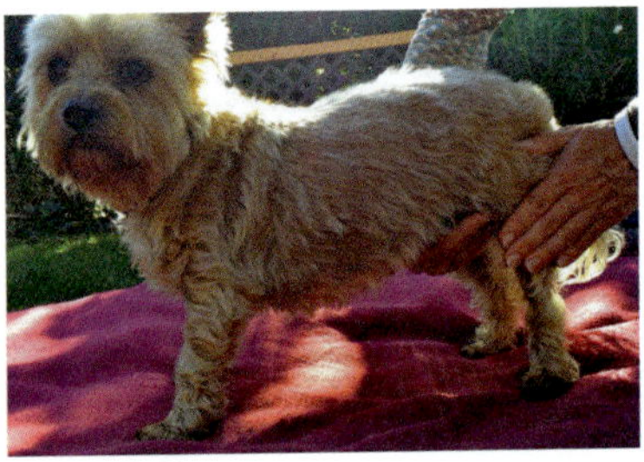

Operationen

Halten Sie vor und nach Operationen **beide SES 15**.

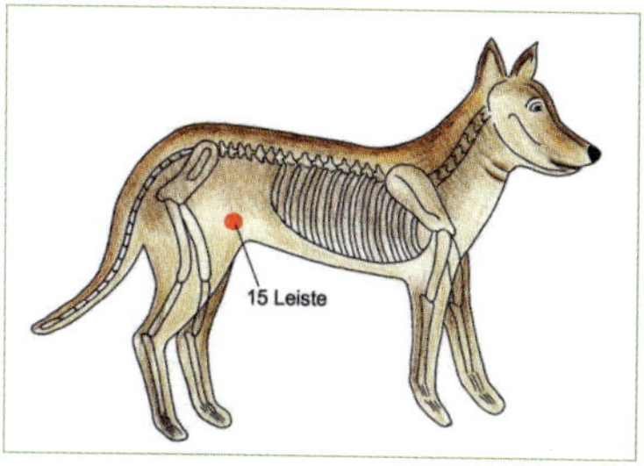

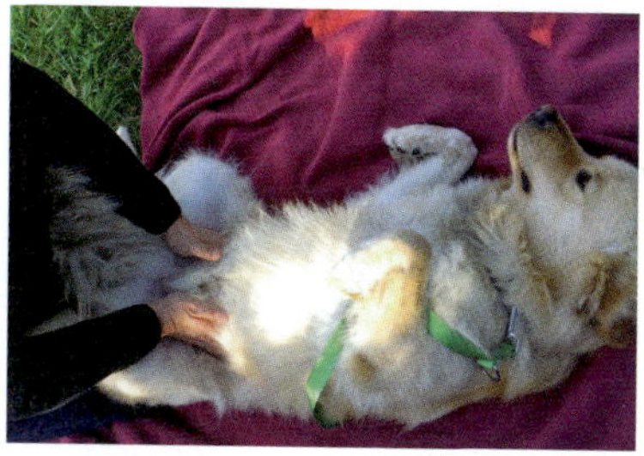

Reiseübelkeit

Halten Sie **beide SES 14**, oder strömen Sie das **SES 14** zusammen mit dem **SES 1** (S. 68).

Schmerzen

Sie können alle Arten von Schmerzen lindern, indem Sie das **SES 5** zusammen mit dem **SES 16** halten, entweder erst auf einer Körperseite, dann auf der anderen, oder Sie halten mit jeder Hand das **SES 5** zusammen mit dem **SES 16** (S. 54).

Überanstrengung

Halten Sie das **SES 15** zusammen mit dem **SES 24**.

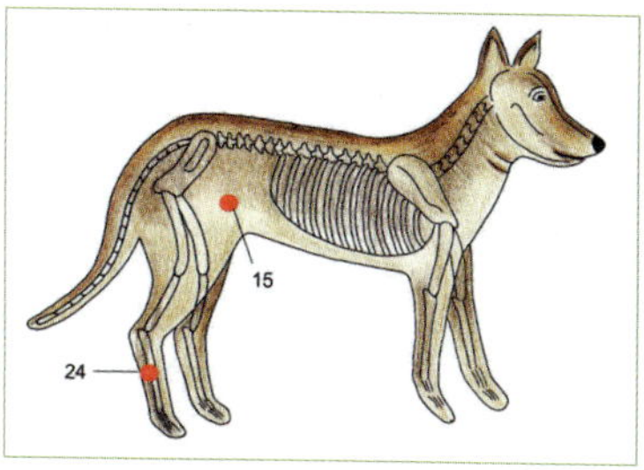

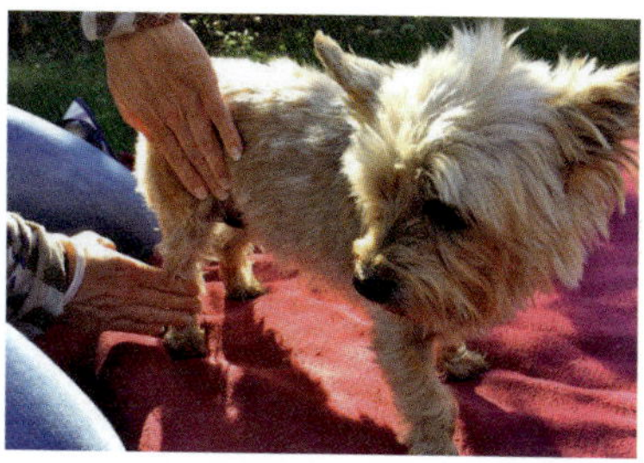

Sterbehilfe

Um Ihrem Hund den Übergang zu erleichtern, halten Sie das **SES 4** zusammen mit dem **SES 13**. Sie können auch mit der einen Hand **beide SES 4** und mit der anderen Hand **beide SES 13** strömen.

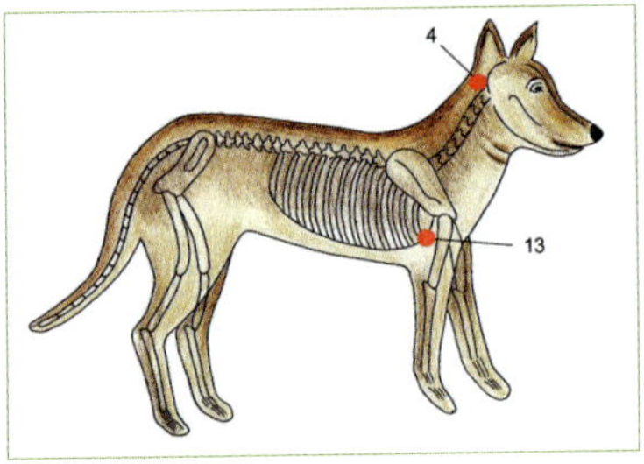

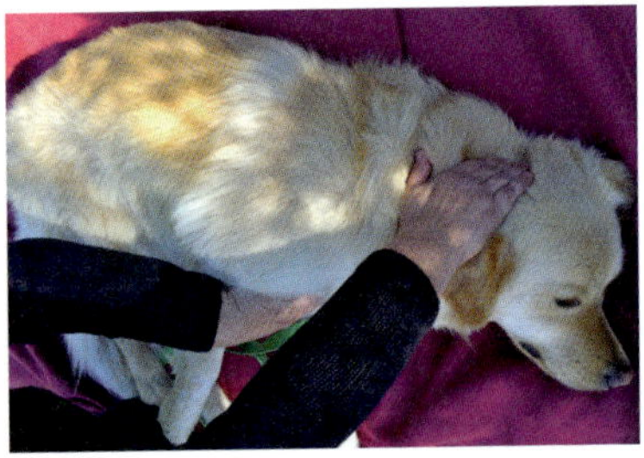

Das SES 4 ist ein wichtiges Energieschloss, es unterstützt bei allen Übergängen. Man sagt, es »stoppt das Sterben, wenn es noch nicht dran ist«, und Sterbenden hilft es, gehen zu können.

Psychische Themen

Ängste und Panik

Ein wichtiger Strom zur Behandlung von Ängsten ist der **Zentralstrom** (S. 22). Er bringt alles wieder in die Mitte und schenkt tiefes Vertrauen. Wichtige Energieschlösser zum Thema Angst sind die **SES 21, 22** und **23**.

Sie können diese Energieschlösser folgendermaßen kombinieren:

Für die linke Körperseite:

Legen Sie die rechte Hand auf das **linke SES 21** und die linke Hand auf das **linke SES 23**. Wenn Ihr Hund nicht im Gesicht geströmt werden mag, halten Sie statt des SES 21 das **SES 12**.

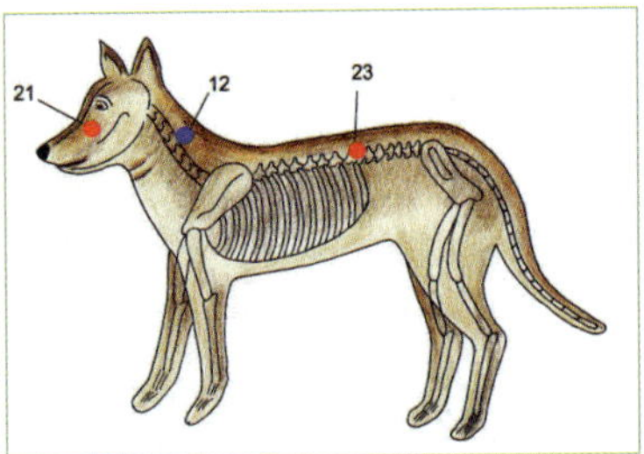

Dann lassen Sie die linke Hand auf dem **linken SES 23** und legen die rechte Hand auf das **linke SES 22**.

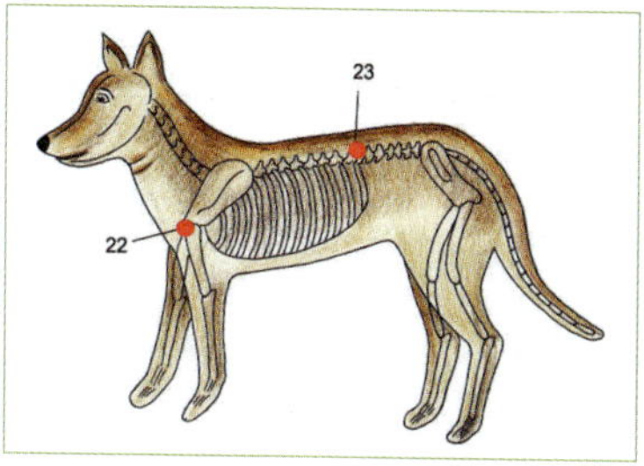

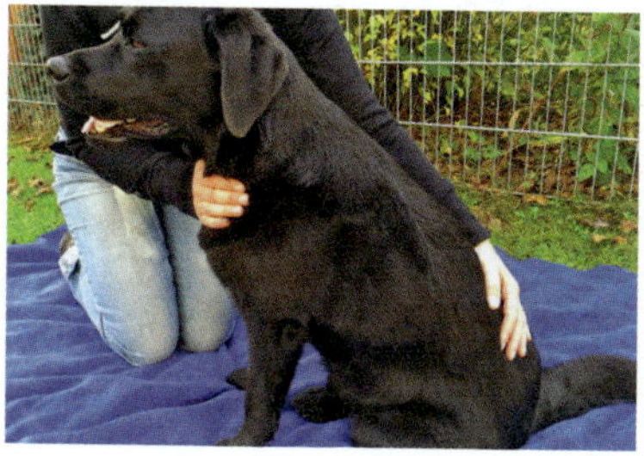

Für die rechte Körperseite machen Sie die Sequenz umgekehrt:
Legen Sie zuerst die linke Hand auf das **rechte SES 21** bzw. **SES 12** und die rechte Hand auf das **rechte SES 23**. Die rechte Hand bleibt auf dem **rechten SES 23**, und die linke Hand geht an das **rechte SES 22**.

Eine weitere Strömfolge zur Harmonisierung von Ängsten ist folgende:
Legen Sie die linke Hand auf das **linke SES 4** und die rechte Hand auf das **linke SES 12**. Danach legen Sie die linke Hand auf das **linke SES 12** und die rechte Hand auf das **linke SES 11**. Bei kleinen oder mittelgroßen Hunden können Sie mit der einen Hand das **SES 4** und mit der anderen Hand das **SES 11** zusammen mit dem **SES 12** halten.

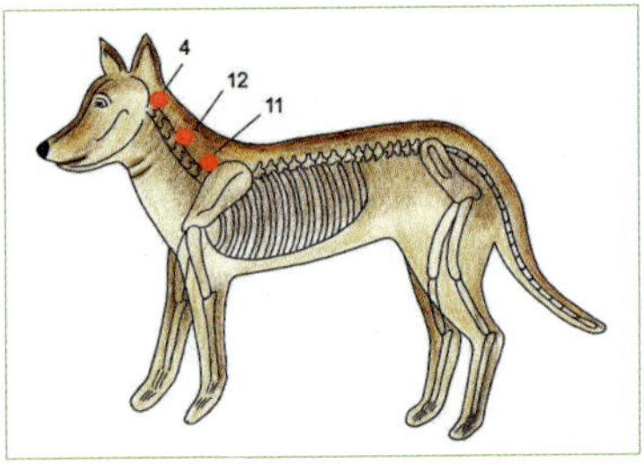

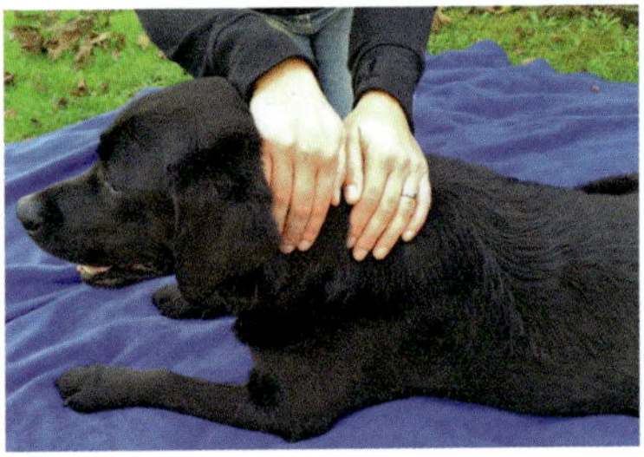

Für die rechte Körperseite:
Legen Sie zuerst die rechte Hand auf das **rechte SES 4** und die linke Hand auf das **rechte SES 12**. Dann legen Sie die rechte Hand auf das **rechte SES 12** und die linke Hand auf das **rechte SES 11**.

Unsicherheiten

Bei sehr unsicheren oder auch nervösen Hunden strömen Sie die **SES 17** zusammen mit den **SES 18**.

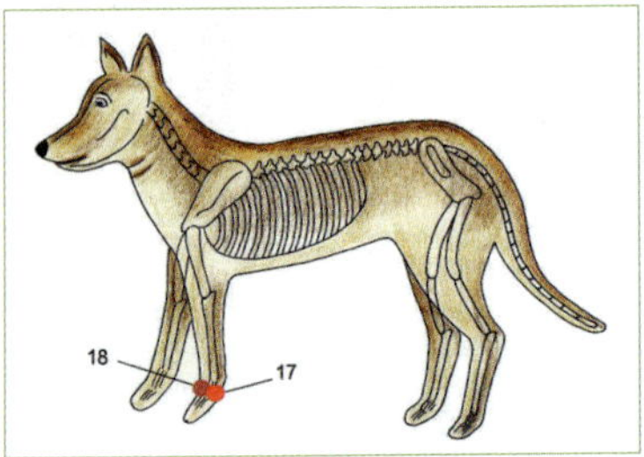

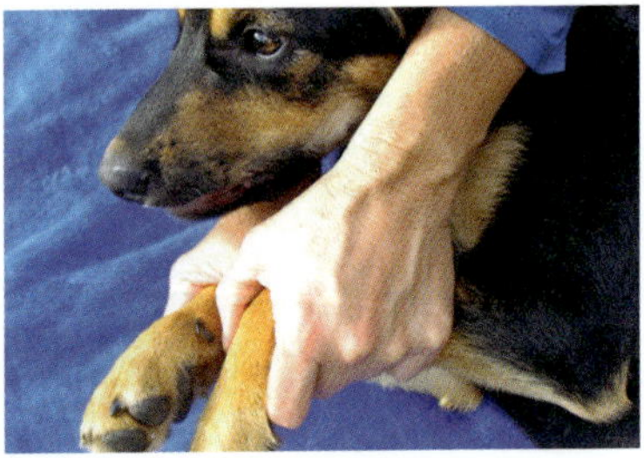

Wenn Ihr Hund sehr unsicher und ängstlich ist, führen Sie regelmäßig den **Zentralstrom** (S. 22) durch.

Nervosität und Schreckhaftigkeit

Auch hier ist der **Zentralstrom** (S. 22) eine große Unterstützung. Sie können sehr nervöse oder schreckhafte Tiere beruhigen, indem Sie **beide SES 1** halten (S. 125). Oder legen Sie eine Hand auf das **SES 23**, die andere Hand auf das **SES 26**.

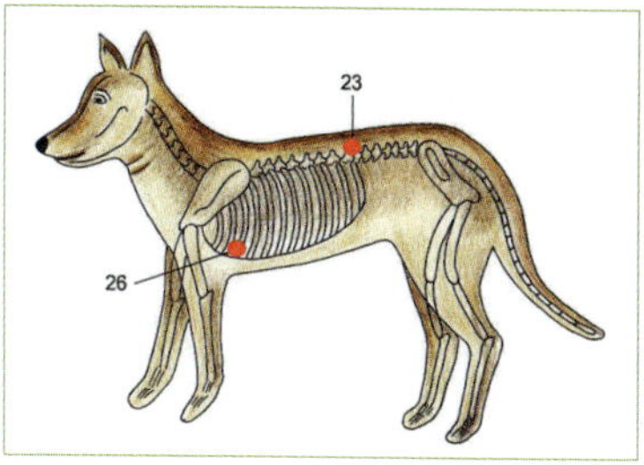

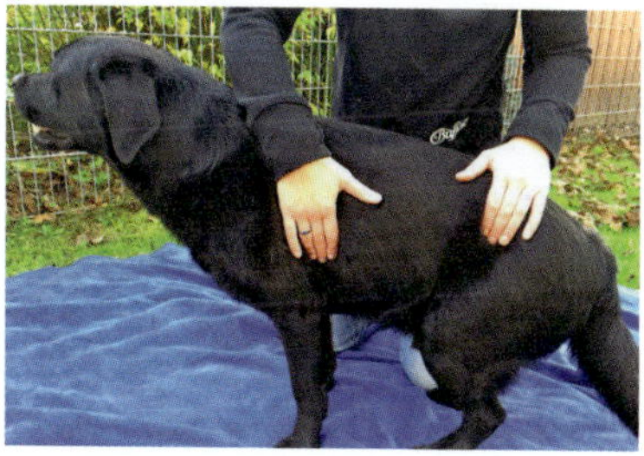

Oder halten Sie das **SES 21** und das **SES 22**.

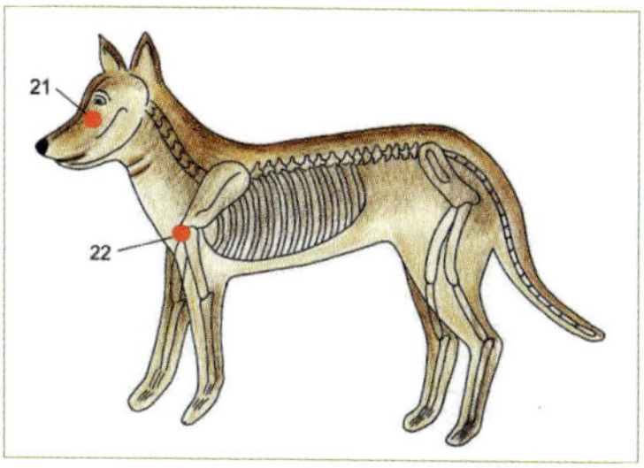

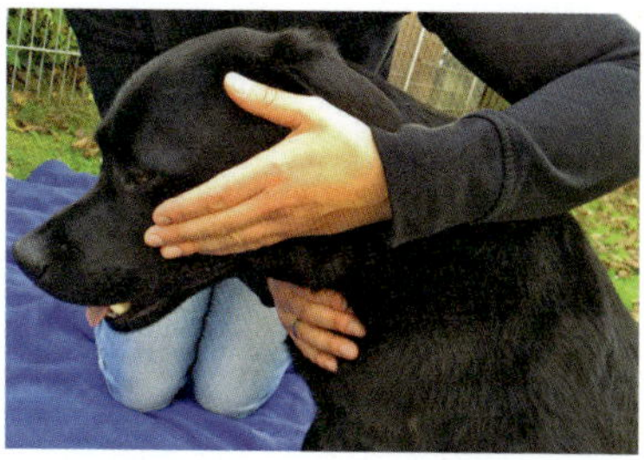

Heimweh

Um Heimweh zu lindern, halten Sie **beide SES 9** (Abbildung) oder **beide SES 19** (Foto). Das hilft Ihrem Hund, sich auf neue Situationen einzustellen.

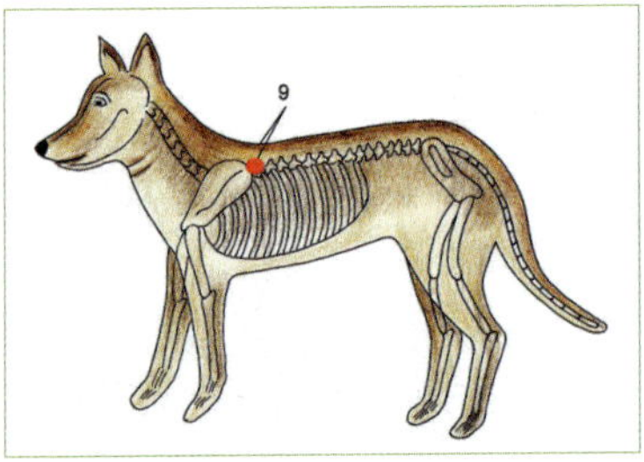

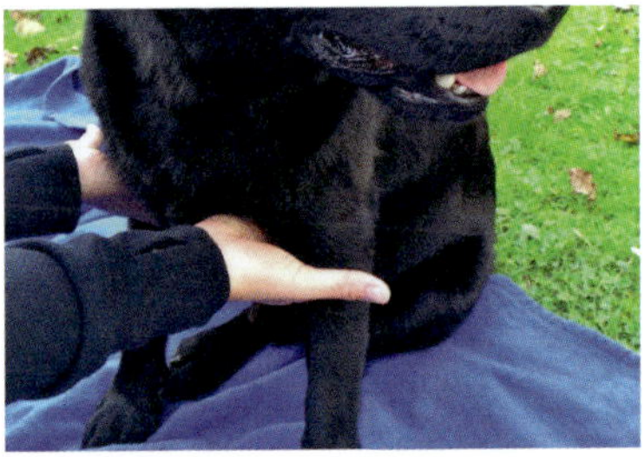

Zusätzlich können Sie auch das **SES 11** zusammen mit dem **SES 12** strömen.

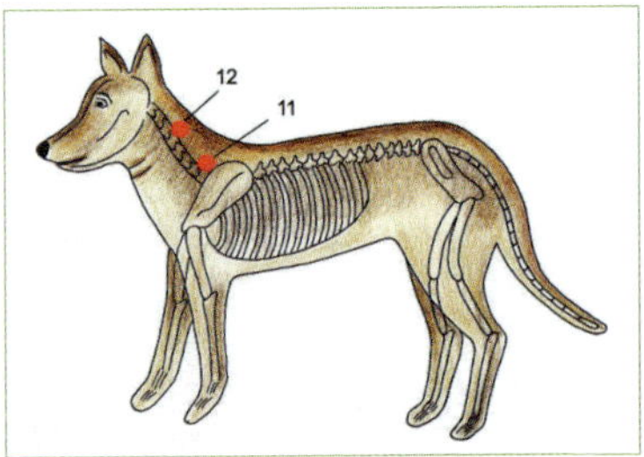

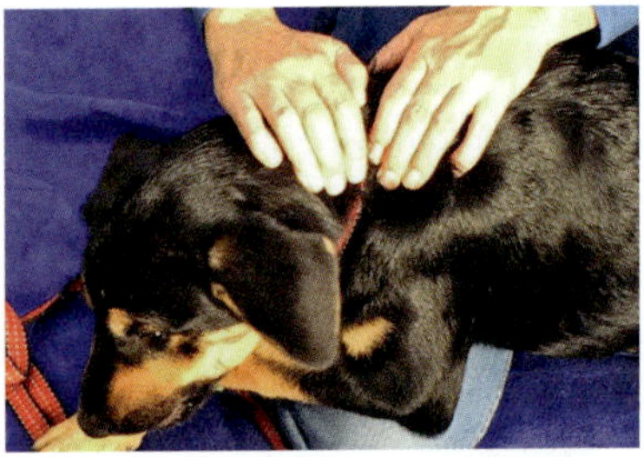

Oder Sie legen eine Hand auf das **SES 9** und die andere Hand auf das **SES 11** und das **SES 12**.

Eifersucht

Ein hilfreicher Strom bei Eifersucht ist der **Magenstrom** (S. 35). Oder halten Sie das **SES 14** zusammen mit dem **SES 24**. Das SES 24 harmonisiert Chaos – auch inneres.

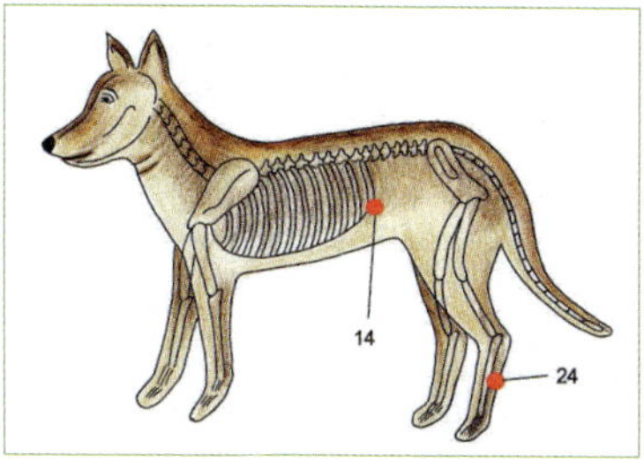

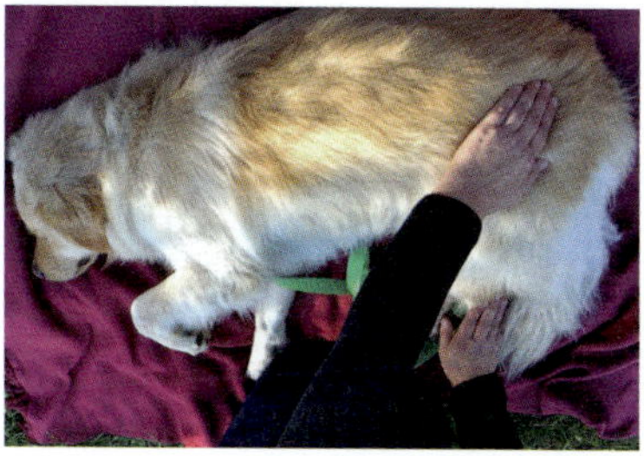

Sie können auch das **SES 14** zusammen mit dem **SES 22** halten (S. 64). Das SES 22 hilft Ihrem Hund, sich an Gegebenheiten oder Situationen anzupassen.

Futterneid

Halten Sie das **SES 14** und das hohe **SES 19** (ca. eine Pfotebreit oberhalb des SES 19).

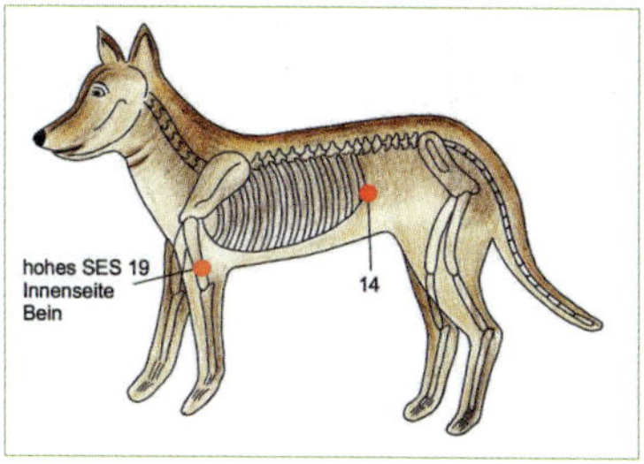

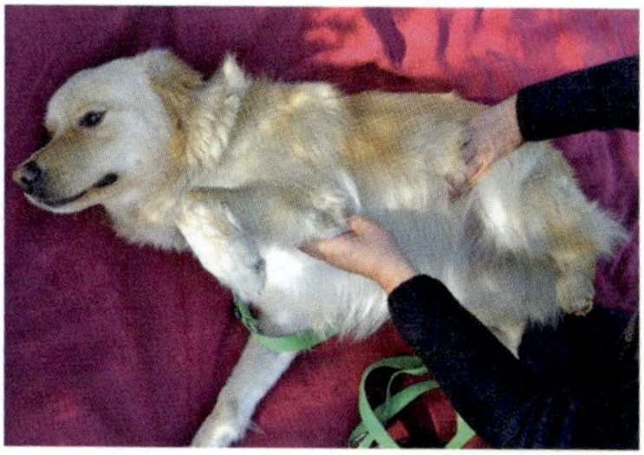

Auch der **Magenstrom** (S. 35) bringt Entspannung und Ruhe in das Thema. Oder harmonisieren Sie das **SES 13** am besten zusammen mit dem **SES 10** (siehe »Erste Zentrierung«, S. 19).

Zankerei und Aggression

Ist Ihr Hund eher aggressiv und schnell in Zankereien verwickelt, sorgen Sie für eine gute Grundharmonisierung, z. B. durch den **Zentralstrom** (S. 22). Halten Sie **beide SES 24** oder das **SES 24** zusammen mit dem **SES 26**.

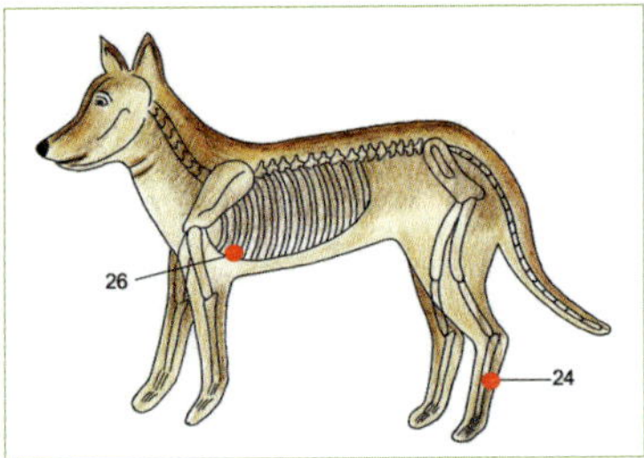

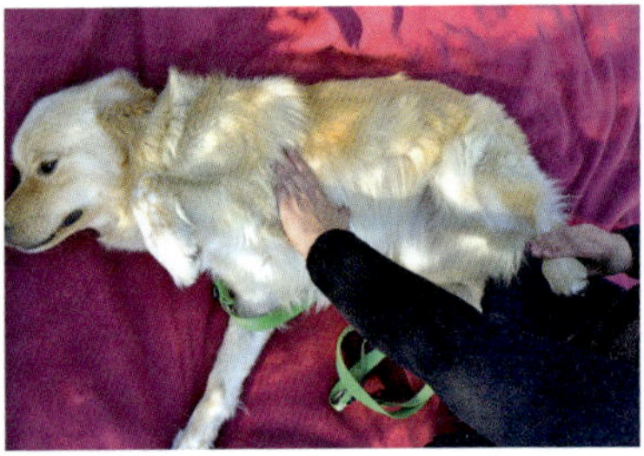

Strömen Sie das **SES 22** und das **SES 4** der anderen Körperseite.

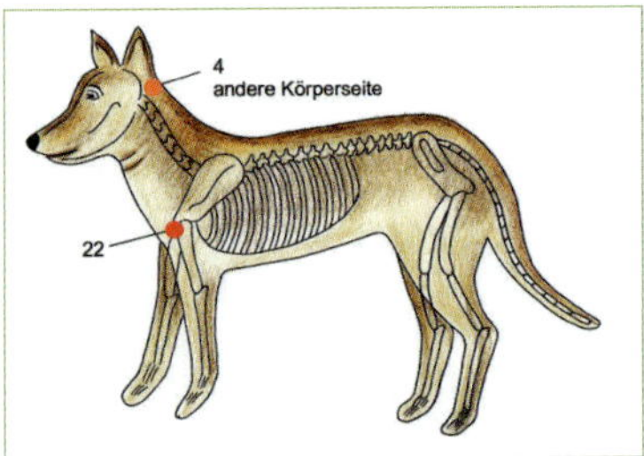

Halten Sie das **SES 20** und das **SES 4** der anderen Körperseite.

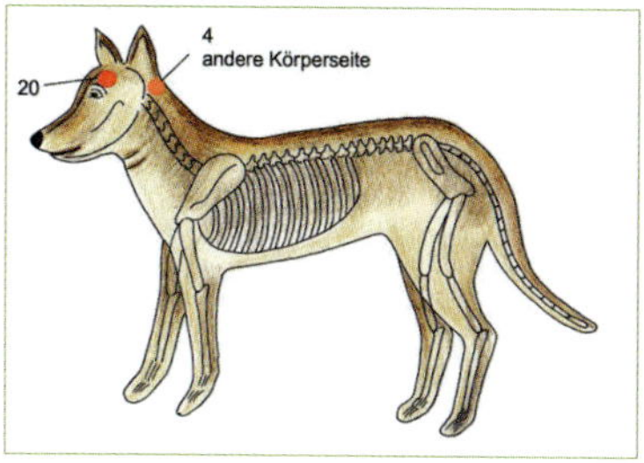

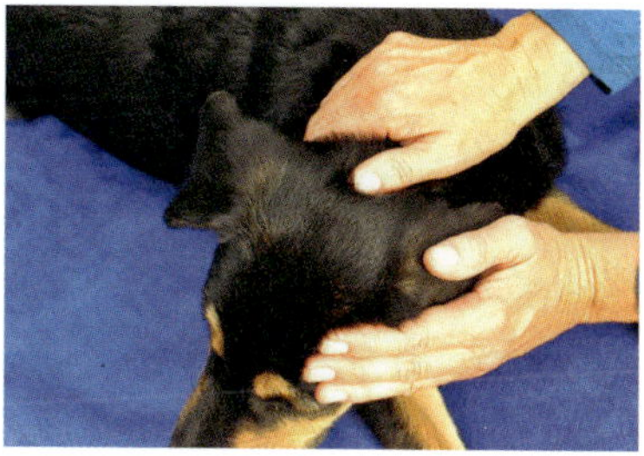

Sturheit

Strömen Sie das **SES 24** mit dem **SES 26** (S. 16) oder mit dem **SES 12**.

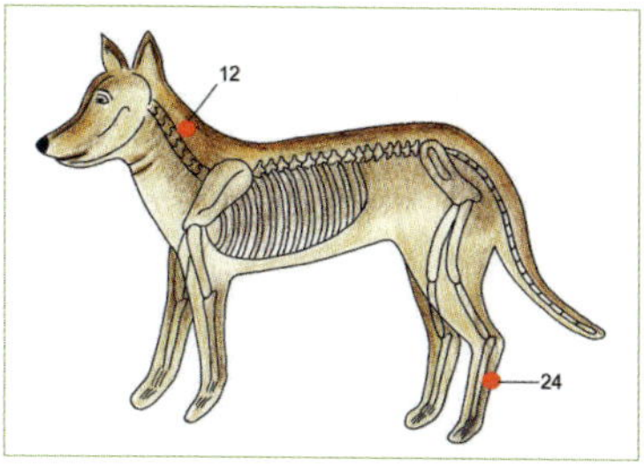

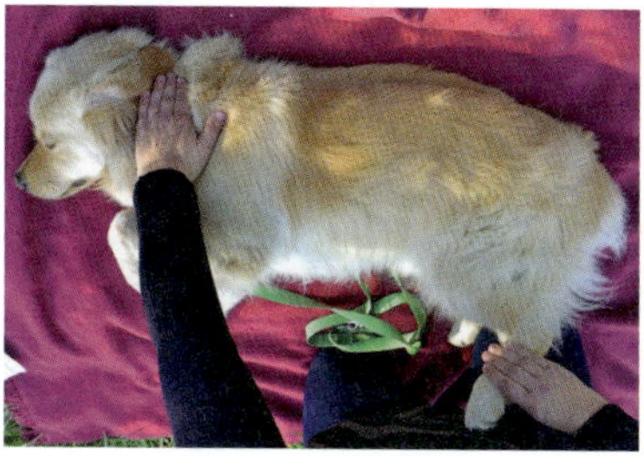

Vernachlässigung

Wurde Ihr Hund an seinem vorherigen Platz vernachlässigt, können Sie die Disharmonie mit dem **Milzstrom** (S. 32) ausgleichen.

Misshandlungen

Auch hier ist wie beim Thema Vernachlässigung der **Milzstrom** (S. 32) ein wichtiger Strom zur Heilung. Der **Magenstrom** (S. 35) entspannt, unterstützt die emotionale Heilung und hilft, neues Vertrauen aufzubauen. Auch der Griff zur **Ersten Zentrierung** (S. 19), das **SES 10** zusammen mit dem **SES 13** geströmt, hilft dem Hund, negative Erfahrungen nach und nach zu verarbeiten.

Lärmempfindlichkeit

Ist Ihr Hund sehr lärmempfindlich, können Sie ihn unterstützen, indem Sie eine Hand zugleich auf das **SES 22** und das **SES 13** legen und mit der anderen Hand das **SES 17** strömen – erst auf der einen und dann auf der anderen Körperseite.

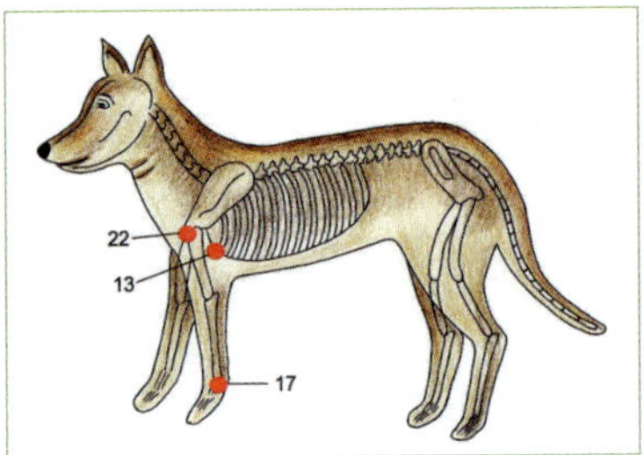

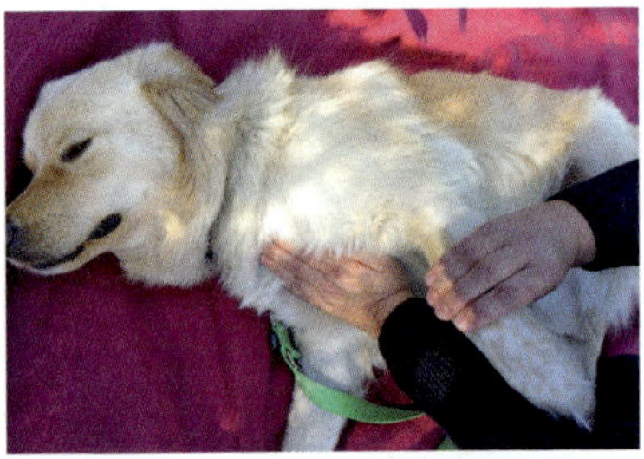

Auch der **Milzstrom** (S. 32) hilft bei Überempfindlichkeit aller Art.

Andere Probleme

Stubenreinheit

Der **Blasenstrom** (S. 41) hilft Ihrem Hund, seine Ausscheidungen besser kontrollieren und zurückhalten zu können.

Fressen von Müll oder Kot

Darüber, warum viele Hunde Kot fressen, gibt es verschiedene Meinungen. Die einen gehen davon aus, dass Lock- oder Geschmacksstoffe in der Tiernahrung den Kot für Hunde so anziehend machen, die anderen deuten es als Zeichen für einen Mineralstoffmangel. Wie auch immer, für uns Menschen ist das kein angenehmer Gedanke, und für den Hund ist es nicht gesund, Kot zu fressen, da er dadurch Parasiten aufnehmen und sich mit Krankheiten infizieren kann. Je ausgeglichener und harmonischer ein Hund ist, desto mehr wird er auch das zu sich nehmen, was ihm guttut. Wobei es immer Ausnahmen gibt, und die Hunde eben auch ihren eigenen Kopf haben – oder ihre Vorstellung davon, was lecker ist.

Für einen ausgeglichenen Appetit stärken Sie den **Magenstrom** (S. 35). Auch der **Milzstrom** (S. 32) harmonisiert das Essverhalten.

Unsauberkeit

Ist Ihr Hund etwas nachlässig mit seiner Körperpflege, können Sie ihn unterstützen, indem Sie das **SES 12** (eine Hand zwischen **beide SES 12**, in die Mitte des Nackens) und das **Steißbein** (Ansatz Schwanz) halten.

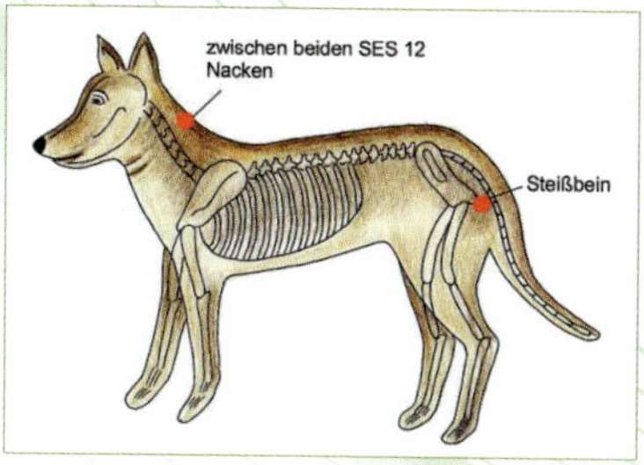

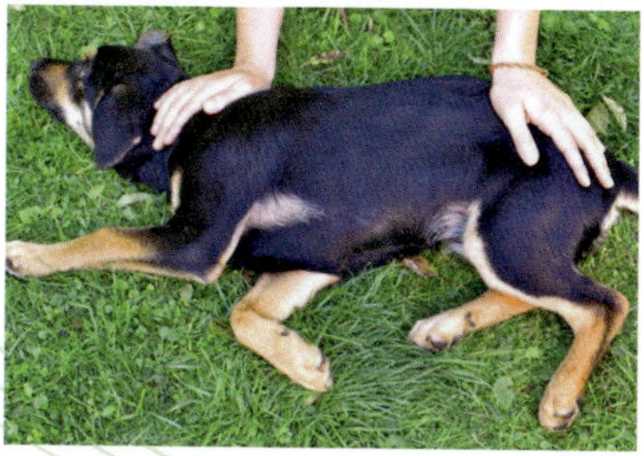

Nebenwirkungen von Medikamenten ausgleichen

Um Nebenwirkungen von Medikamenten auszugleichen, strömen Sie das **SES 21** und das **SES 23** erst auf der einen und dann auf der anderen Körperseite.

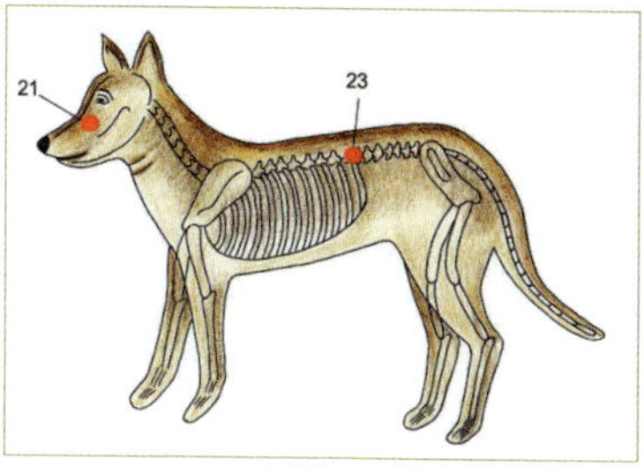

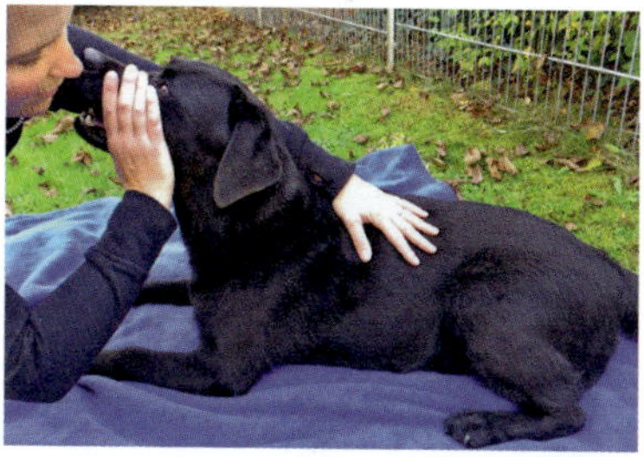

Halten Sie **beide SES 22** oder das **SES 22** zusammen mit dem **SES 23**.

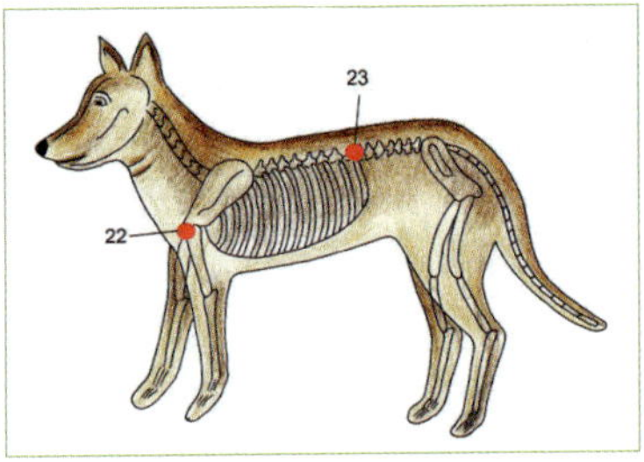

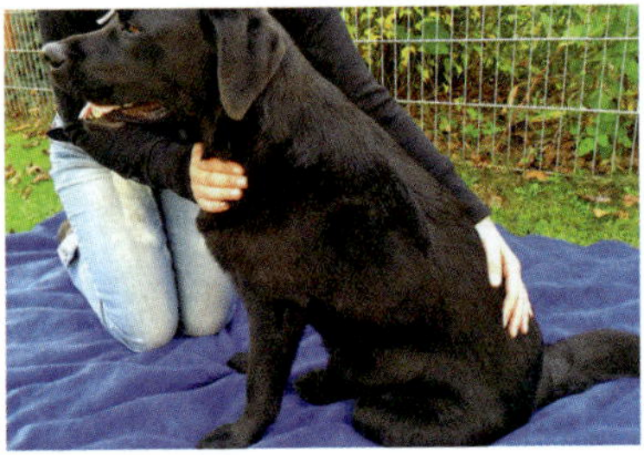

Impfreaktionen lindern

Wenden Sie den **Milzstrom** (S. 32), an damit das Immunsystem gestärkt wird und so besser mit schädlichen Stoffen umgehen kann. Oder strömen Sie das **SES 23** und das **SES 25**.

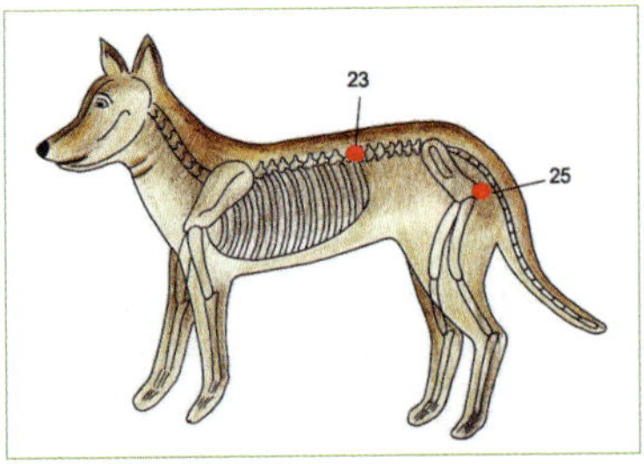

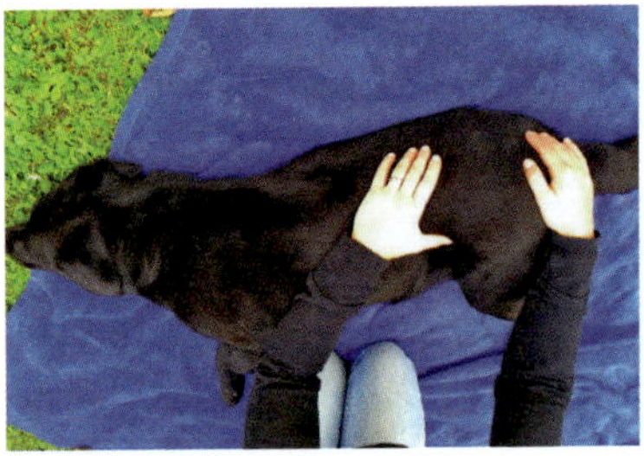

Bildnachweis: Fotografien Hunde: Tina Stümpfig-Rüdisser, **Abbildungen Hunde:** Erwin Weber

www.shutterstock.com: S. 1–144 (Grafiken im Hintergrund): Pfoten/Hund: #101421184 (spirins), Linien: #44201608 (Karlionau)

S. 3–5, 119: #110871734 (Christian Mueller); **S. 8:** #168872948 (Marietjie); **S. 12:** #259670459 (The Dog Photographer); **S. 17/18/104/105:** #285751448 (zakalinka); **S. 29:** #285546257 (woottigon); **S. 30/31:** #149537339 (Lukashenko Alena); **S. 45:** #296512781 (dezi); **S. 46:** #407678863 (alexei_tm); **S. 60/61:** #131447288 (Ksenia Raykova); **S. 65:** #428697478 (dezi); **S. 66/73:** #407672995 (youyuenyong budsawongkod); **S. 76:** #211863676 (Ammit Jack); **S. 83:** #251608093 (showcake); **S. 84/123:** #168394304 (Annette Shaff); **S. 88/89:** #261857915 (I T A L O); **S. 96/102:** #335728916 (rotto); **S. 103:** #114326080 (Krylova Ksenia); **S. 108:** #283182494 (zakalinka); **S. 109/131:** #170906159 (melis); **S. 110:** #118122121 (vvvita); **S. 112:** #20419576 (Tatiana Makotra); **S. 115:** #113046568 (Ermolaev Alexander); **S. 116/117:** #370798181 (schankz); **S. 120:** #297796958 (Sohel Parvez Haque); **S. 129/133:** #424497673 (hurricanehank); **S. 139:** #75402967 (Tom Wang)

Nachwort

Jin Shin Jyutsu, die Kunst des Schöpfers für den mitfühlenden Menschen, ist eine wunderbare und einfache Möglichkeit, sich selbst und natürlich auch Hunde zu harmonisieren. Am besten machen Sie es sich zur Gewohnheit, sich selbst und Ihren Hund täglich zu strömen – und wenn es nur kurz ist. Durch die regelmäßige Anwendung des Jin Shin Jyutsu können die Selbstheilungskräfte wieder kraftvoll und aktiv arbeiten. Sie können damit Erkrankungen vorbeugen und bei bereits vorhandenen Krankheiten, Verletzungen etc. die Heilung unterstützen. Auch stärkt es Ihre Beziehung zu Ihrem Hund – und zu Ihnen selbst.
Ich wünsche Ihnen wundervolle Strömerfahrungen.

Herzlichst
Tina Stümpfig-Rüdisser

Dank

Ich danke Jiro Murai für die Wiederentdeckung des Jin Shin Jyutsu und Mary Burmeister, die dieses Wissen mit all ihrer Liebe weitervermittelt und verbreitet hat. Ich danke allen Lehrern, bei denen ich selbst lernen durfte und immer wieder darf.
Ich danke meinem Vater Erwin Weber für die Hundezeichnungen.
Für ihre Unterstützung und Geduld danke ich allen Fotomodellen – Menschen und Hunden: Tanja mit Darwin, Annette mit Kitty, Sonja mit Knut und meinen Töchtern Jana, Mira, Samaya und Lucia mit Shila.
Danke allen, die vorbehaltlos das Jin Shin Jyutsu anwenden, teilen, weitergeben und sich selbst und andere somit immer wieder daran erinnern, dass der größte Schatz in uns selbst verborgen liegt.

Weitere Informationen

Informationen über Kurse und Seminare der Autorin finden Sie unter:
www.tinastuempfig.de

Jin Shin Jyutsu® Physio-Philosophie ist in den USA urheberrechtlich geschützt und Eigentum der Jin Shin Jyustu Inc., Scottsdale, Arizona.

Literaturempfehlungen

Burmeister, Mary: *What Mary says.* J.S.J.Inc., Scottsdale, Arizona 1997

Burmeister, Mary: *Einführung in Jin Shin Jyutsu.* Bd. 1–3. Raphael Verlag, Bonn 1990

Burmeister, Alice: *Heilende Berührung.* Knaur, München 2000

Leas, Adele: *Jin Shin Jyutsu for your animal companion.* Eigenverlag, New Orleans, Lousianna 2004

Riegger-Krause, Waltraud: *Jin Shin Jyutsu.* Südwest Verlag, München 2005

Stümpfig-Rüdisser, Tina: *Meine Hände helfen und heilen.* Verlag Via Nova, Petersberg 2008

Stümpfig-Rüdisser, Tina: *Lebensquell Jin Shin Jyutsu.* Verlag Via Nova, Petersberg 2010

Stümpfig-Rüdisser, Tina: *Jin Shin Jyutsu – Die Kunst des Heilströmens erlernen.* Verlag Via Nova, Petersberg 2013

Stümpfig-Rüdisser, Tina: *Jin Shin Jyutsu – Heilbehandlung bei Tieren.* Verlag Via Nova, Petersberg 2015